U0189121

长城
连绵的脊梁

艾绍强 著

中国科学技术出版社

·北京·

图书在版编目(CIP)数据

长城：连绵的脊梁 / 艾绍强著. — 北京 : 中国科学
技术出版社, 2023.1
ISBN 978-7-5046-9850-6

Ⅰ. ①连… Ⅱ. ①艾… Ⅲ. ①长城－国家公园－建设
－介绍 Ⅳ. ①S759.992

中国版本图书馆CIP数据核字(2022)第203429号

策划编辑	鞠　强　田幼萌	
责任编辑	田幼萌　鞠　强	
封面设计	金彩恒通	
图文设计	金彩恒通	
责任校对	张晓莉	
责任印制	马宇晨	

出　　版	中国科学技术出版社	
发　　行	中国科学技术出版社有限公司发行部	
地　　址	北京市海淀区中关村南大街 16 号	
邮　　编	100081	
发行电话	010-62173865	
传　　真	010-62173081	
网　　址	http://www.cspbooks.com.cn	

开　　本	710mm×1000mm　　1/16	
字　　数	160 千字	
印　　张	15.25	
版　　次	2023 年 1 月第 1 版	
印　　次	2023 年 1 月第 1 次印刷	
印　　刷	北京顶佳世纪印刷有限公司	
书　　号	ISBN 978-7-5046-9850-6/S・787	
定　　价	88.00 元	

（凡购买本社图书，如有缺页、倒页、脱页者，本社发行部负责调换）

长城，是人的故事

　　距离上一次从西到东沿明长城采访，已经过了十多年。非常幸运，2022年7月下旬，我去了河套内明长城的两头和东胜卫城遗址，沿途还参观了几段明长城。

　　2019年7月24日，中央全面深化改革委员会第九次会议审议通过《长城、大运河、长征国家文化公园建设方案》，之后各地积极响应，分别部署出台了本地的建设规划方案。但是，目前各地几乎都未及开展公园的建设，所以我看到的长城各段落依然如旧，古城堡、古遗址都没有大变化。有变化的是生活在长城边古村落、古城堡内的人，许多人从长城边搬走了或老去了；在长城边守了千百年的人的故事要改写了，长城人的历史要谱写新的篇章。

　　国家层面选择长城作为首批国家文化公园之一，是因为长城作为实体与精神相结合的载体，承载了中华民族的记忆。

　　长城的实体当然是物证，是真实可见的文化历史载体。但墙体、城堡只是在无声讲述、默默传达，长城精神不只体现在那些实体上，更多体现在人的身上；要阐释、弘扬长城精神，关键还是在人，在于讲好人的故事。

　　我不禁想起在长城边去过的古城、古堡、古村落，那些地方无一不是姓氏庞杂，那些人的祖先都是来自远方各地。从明朝至今，数百年过去，疆场烽烟早已经消散，但那些屯守边关的军人的后代，依然驻守在荒僻穷苦的地方，不离不弃。所以，讲述长城时，我更愿意讲一讲这些人的故事——尽管我见到的不及九牛一毛——只有人才是文化的传播者、精神的传承者。

　　长城的文化往远说是周边与中心的关系，所以长城的精神就是中华民族的凝聚力，就是集体主义精神，这也正是建设长城国家文化公园要讲述的故事。故事的主干是长城，故事的核心是人。

　　长城国家文化公园的建设，不仅仅是公园实体，更多的是文化建设，是用实体的公园，通过人的故事，讲述中国地理、政治、经济、军事等方面的历史故事，以解释并维护中华民族的国家共识。唯有如此，这个横贯东西、绵延万里、举世无双的宏大公园，才可与"国家文化"相匹配。

2022 年 11 月 19 日

目　录

伟大的长城，伟大的墙

长城，伟大的墙。

2019年7月24日，中央全面深化改革委员会第九次会议审议通过了《长城、大运河、长征国家文化公园建设方案》，将长城纳入国家文化公园建设，长城将成为世界最大的人工建筑体系组成的国家公园。

在长城纳入国家文化公园之前，国家文物部门对长城进行过非常详细的调查研究。

2006年9月，我从嘉峪关开始，顺着明长城沿线采访。9月18日，在甘肃省山丹县城东的长城边，遇

2006年7月下旬从甘肃省山丹县开始全国长城测量工作

到了王延璋一行。王延璋说他一上午沿着明长城向东走了8000米。王延璋是山丹县文物管理办公室的干部，在他的后面，甘肃省文物考古所的专家带领来自甘肃各地的七八位文物工作者，不时停下来测量、拍摄他们认定的汉长城遗迹。在山丹县许多地段，汉长城和明长城是并行的。

由国家文物局和国家基础地理信息中心共同进行的长城测量工作，2006年7月下旬在山丹县开始。来自长城沿线各省的文物和测量工作者对明长城进行培训性测量，他们对照航空遥感照片，用皮尺、国家地理信息系统、GPS全球定位系统，测量、拍摄长城以及两边各1000米的详细信息。在对明长城测量完毕之后，甘肃省又组织省内的文物工作者对汉长城进行培训性测量。2007年，长城测量工作在全国长城沿线展开，测量结束之后最终得到了长城的准确长度和沿线遗址遗迹的详细情况。

作为世界文化遗产和世界上最大的室外文物，长城在这之前一直没有一套全线状况资料。

秦始皇的长城就被后人称为万里，汉代的长城又比秦始皇的长城长了一倍，《汉书·赵充国传》记："北边自敦煌至辽东万一千五百余里"。明朝各边镇修筑边墙时，据实记录了长宽高各项数字。根据明代史料计算得知，明长城的长度为12057里多（明代1里约合现480米），也就是5787.36千米。300多年过去，明长城现在还有多长？由中国长城学会组织的调查显示，由于自然风化和人为破坏，明长城墙体保存较完整的部分已经不到20％，有明显可见遗址的不到30％，墙体和遗址的总长度不超过2500千米。

2009年4月18日，国家文物局和国家测绘局联合公布了明长城测量数据：明长城东起辽宁虎山，西至甘肃嘉峪关，由东向西经辽宁、河北、天津、北京、山西、内蒙古、陕西、宁夏、甘肃、青海等10省、自治区、直辖市的156县（区），全长8851.79千米；其中人工墙体长6259.6千米，壕堑长359.7千米，天然险长2232.5千米；留存敌台7062座，马面3357座，烽火台5723座，关堡1176座，相关遗存1026处。经过两年的调查和测量，明长城的家底终于弄清楚了。

2012年6月，国家文物局公布长城资源调查和认定工作的阶段性成果：历代长城遗址总长21196.18千米，包括长城墙体、壕堑、单体建筑、关隘、城堡和相关设施等长城遗产共43721处。

从有记载的公元前6世纪开始，一直到公元17世纪，两千多年间的中华历史，就被一堵长墙贯穿！长城堪称人类历史上的绝唱，再没有哪个民族进行过如此巨大的工程，也没有哪个国家进行过持续时间如此长的工程。

可以肯定，人类历史上再也不会有这样的建筑出现。

长城的修筑本质上是人类对生存空间的保护。

多年前，我曾在山东莱芜一个叫雪野的乡镇，看到公路边有一座新修的楼台，公路右边的山上有一道废弃的石墙从山顶直下山底，过了公路左侧的楼台，石墙又顺山坡爬了上去，靠近公路的一段已经垒砌了一些墙垛，但顺山往上走基本是一条坍塌的石头长龙。当地人告诉我那是齐长城遗迹，比秦长城早了400多年。

　　齐国是周分封的诸侯国之一。齐桓公任用管仲进行改革，从此国力逐渐强盛，开始吞并邻国。与此同时，楚国亦在长江、汉水一带强大起来，为了防备楚国，齐国修筑了长城。三家注本《史记》引《齐记》云："齐宣王乘山岭之上筑长城，东至海，西至济州千余里，以备楚。"齐宣王为齐威王之子，公元前319年至公元前301年在位，史书上关于齐宣王筑长城的记载，是齐国筑长城最晚年限的记载。也就是说，我看到的齐长城遗迹，最少也有2300多年的历史。

　　其实在春秋战国时代，诸侯争霸、群雄并起，螳螂捕蝉，黄雀在后，各个诸侯国为了自保，几乎个个都用举国之力修筑长城。时至今日，在河北、河南、山西、陕西等地，仍能看见赵长城、燕长城、中山长城、魏长城、韩长城、楚长城以及秦长城的遗迹。

　　作为战国七雄之一的赵国，南面修筑了一道长城防魏，北面则先后修筑了两道长城防御东胡。燕国有

山东莱芜齐长城遗迹。齐长城是现存史料记载最早修筑的长城，西起黄河河畔，东至黄海海滨，迤逦山东13个县，长达千余里

南北两道长城，其北长城主要是阻挡北方的胡人；其南长城首先是为了防御齐国，也有防赵、御秦的作用。而魏国则在秦国将要大规模变法之前，先派大将军龙贾沿洛水修了一道长城，即魏河西长城；后来为加强国都大梁的防务，又在大梁以西、黄河以南筑了魏河南长城；两道长城都是为了防御有"虎狼之心"的"强秦"。楚国修筑长城最初是为防范晋国和齐国，但到了春秋末，楚国国力不振，居于关中的秦国却日益强盛，楚国此后修筑的长城主要是用来防秦。

秦长城和秦始皇的长城是两码事。

秦国的祖先本来是给周王室放马的。公元前770年，秦襄公因护送周平王东迁有功，被周平王分封为诸侯，并赏赐岐以西之地，襄公于是立国。秦穆公时曾攻灭十二国，称霸西戎，但是自厉共公以后，因经济落后且常常内乱，秦国不断遭到晋及后来的魏、韩两国的袭击。秦厉共公至秦简公时期，先后沿洛水西岸三次修筑长城防御魏国。然而，风水轮流转，不到百年，魏反而于洛河边筑长城以防秦。

《史记·匈奴列传》载："秦昭王时，义渠戎王与宣太后乱，有二子。宣太后诈而杀义渠戎王于甘泉，遂起兵伐残义渠。于是秦有陇西、北地、上郡，筑长城以拒胡。"秦昭王所筑长城西起今甘肃省临洮县，向东南至渭源，然后转为东北，经通渭、静宁等县达宁夏固原县，由固原县折为东北方向，经甘肃环县及陕西横山、榆林、神木诸县直抵黄河西岸，主要是防御西方和北方的胡人。

宁夏固原还有保存完好的秦长城。

到了固原城首先向博物馆的专家请教。冯国富馆长告诉我，绕固原城西北的秦长城，是国内保护最好的战国长城，到清河镇海堡村一带就能看到。冯国富招呼来一辆车，拉着我们到固原城外，出城上公路开了十多分钟，车头向右一拐进了一条田间小路，开了三四分钟似乎进了一条沟壑，司机将车一停。"到了，上去就是。"他指着边上的缓坡示意我们上去。

这就是秦长城？我疑惑着爬上了坡。两边是平缓的塬地，秋天收割完庄稼的地里一片枯黄，脚下的土梁高出两边塬地四五米，像一条巨蟒匍匐在黄土地上。我沿着巨蟒般的土梁走了一段，发现大概每隔百米左右就有一个近似方形的台墩，边上的坡也比其他地方陡了许多，而且周边有许多残碎砖块，似乎是原来台墩的包砖，这不是敌台吗？可以肯定，我们走的这一条长长的土梁就是长城。

走了几里路没有遇到一个人，却发现一侧有一座古城的遗址。走过翻耕得虚绵的土地，发现地里到处是碎瓷片，捡拾了几块仔细瞧，发现残片有盘子的也有碗的，多数是青花。不是说是秦长城吗，怎么这么多元明以后的青花瓷器碎片，难道这里是一座明代的城障？于是又仔细在地里到处寻找，果然发现了几片陶片，有素面的也有绳纹的。

就在低头捡拾碎瓷破陶时，远处过来了两个人和我闲聊了一会儿。其中一个叫黄富荣的告诉我，这个古城遗址叫古城子，山下面的村庄是海堡村，海堡——一个明显带有军事色彩的地名。之后又遇到一个放羊的妇女，名字是海玉霞，她家就是海堡村的——看来村名很可能是因为有海姓的村民。黄富荣说以前在这里耕地时还捡到过"叉叉钱"，后来冯国富

宁夏固原海堡村附近战国秦昭王长城遗迹。战国秦长城始筑于公元前270年，目前在甘肃、宁夏和内蒙古境内，仍保存有约1250千米城墙、烽燧等遗址

馆长告诉我"叉叉钱"应该是布币。春秋至战国时周王室及韩、赵、魏、燕、楚等诸侯国都铸过布币，秦始皇时代有过尖足布，汉王莽时也铸造过布币，因为布币形状像铲，亦称铲币。在古城子发现的布币最晚也该是汉代的，这是不是意味着汉代那时这里就有这个古城子了？

对于散布地里的碎瓷片，黄富荣说当地人平时家里用的瓷器，打碎之后都扔到粪堆里，瓷器碎片随着粪土施到地里不足为怪。但是我对他的说法并不满意，因为我捡到的碎瓷片全是青花。后来查找到一份资料介绍，明弘治十七年（1504年），明廷不仅于固原城以北修筑长城，而且在固原城附近，重新修筑并利用了环绕镇城的秦长城。我们到的那个古城遗址，考古调查资料介绍与秦昭王长城相关："海堡城堡，位于清河镇海堡村北500米""地面捡到的多是明代建筑瓦片，其西侧有处断壁，剖面的土层中却夹有不少秦汉时期的绳纹瓦片，可知这里是为明代城障利用过"。

问黄富荣那道巨蟒般的长土梁是什么，他很肯定地说："老人们说是边墙，秦始皇修的。"和其他许多明长城边上的人一样，他称长城为"边墙"，可以从侧面证实该段长城的确在明代还发挥过作用。但是和别的地方把明长城说成秦始皇修的不同的是，黄富荣把这段长城的修筑者也说成秦始皇，实在是说晚了。冯国富馆长告诉我，固原的战国秦长城是秦昭王——也就是始皇帝嬴政的曾祖父修建的，秦始皇时曾经修补使之成为秦长城的一部分。

　　秦始皇十七年（公元前230年）开始，秦先后灭了韩、赵、魏、燕、楚诸国。公元前221年，秦国军队开进不战而降的齐国都城临淄，彻底结束了诸侯割据局面，建立起中国历史上第一个统一的中央集权的封建专制王朝。秦统一后，对秦形成威胁的主要是北方的匈奴。公元前214年前后，秦始皇下令修筑万里长城。《史记·蒙恬列传》载："秦已并天下，乃使蒙恬将三十万众北逐戎狄，收河南。筑长城，因地形，用制险塞，起临洮，至辽东，延袤万余里，于是渡河，据阳山，逶蛇而北。"

　　秦始皇所筑长城，基本上是在燕北长城、赵武灵王北长城及秦昭王长城上进行大规模的修复，将原来不相连接的空隙之地补筑上城墙，使西起临洮东至辽东的长城连贯为一体。虽然自春秋战国以来，各诸侯国都修筑了长城，但其少则数百里，多不过两三千里，只有秦始皇所筑长城逾万里以上，自此始有"万里长城"之称。

　　汉朝初立，匈奴单于多次率兵南下，直捣中原腹地。为此，汉高祖刘邦亲率数十万大军北伐匈奴，结

甘肃敦煌的汉长城遗迹

果被围困于白登山达七日之久。之后六七十年间，由于匈奴不断入侵，汉武帝开始大事征伐匈奴，同时大规模地修筑由今甘肃至新疆罗布泊两千余里的长城与烽燧亭障。汉宣帝时，亭燧更向西延伸至今库车西北，保障了通往西域的大道畅通无阻。汉朝河西到辽东长城长一万一千五百余里，加上罗布泊、库车一线的亭障，以及内蒙古一带的列城、城障、列亭等，总长度在两万里之上，为历代之最。

汉以后南北朝的北魏、北齐、北周都修筑过长城。北魏筑长城是为了防御蠕蠕，蠕蠕又称芮芮、茹茹，是北魏对柔然的蔑称，作为游牧民族，蠕蠕多次"南徙犯塞"，北魏不得不筑长城阻防。之后的政权或防柔然，或防契丹，或防突厥，时不时对长城进行局部增筑。隋统一之后，由于受到北方突厥人的威胁，在短暂的30余年间修筑了1000多千米的长城。据说唐朝

亦在局部地方修筑过长城，但是都已经不可考且遗迹难寻难辨。可以肯定的是，大唐帝国并没有大规模修筑长城。

到了辽代和金代，不仅修建土筑高墙的长城，而且还修筑了边壕。辽边壕自东北今内蒙古呼伦贝尔向西南的今俄罗斯外贝加尔、今蒙古国东方省和肯特省境内，全长700余千米。金边壕又称金界壕，从东北向西南横亘于大兴安岭以东、以西和阴山以北的草原上，穿过了嫩江草原、科尔沁草原、锡林郭勒草原、乌兰察布草原，干线支线总长度3300多千米。辽金边壕主体是沟堑壕壁，就是掘地成为深宽的沟壕，挖出的土堆在两侧成为矮墙似的壕棱，壕边也有马面瓮门以及屯兵的边堡。达斡尔语称边壕"乌尔科"，蒙古语称"夫尔穆"，翻译成汉语都有"墙""屏障""长城"的意思，因此有人把边壕也看作长城的一种，但本质

河北省怀来县陈家堡附近一段石砌的长城遗迹

上与长城完全是两回事，不过这也是中国古代仅次于长城的伟大军事工程。

1368年，朱元璋的军队攻克了元大都（今北京），元顺帝被迫退回"塞北"。元王朝虽然被推翻，但仍然有强大的军事力量，并占有东起呼伦贝尔湖、西至天山、北抵额尔齐斯河及叶尼塞河上游、南到现在长城一线的广大地域。在陕西和甘肃的部分地区还有河南王扩廓帖木儿的18万人马，在辽东有太尉纳哈出指挥的20万军队。元顺帝以辽东和陕甘为左、右翼，居中调度，时刻准备收复失地，重主中原。

洪武三年（1370年），元顺帝死，其子爱猷识理达腊即位，仍称大元皇帝。明朝军队击破了扩廓帖木儿在陕、甘的部队，扩廓帖木儿率残部逃至和林，但仍对中原构成很大的威胁。为解决此威胁，洪武五年（1372年）正月，明15万大军分三路进击漠北。大将军徐达为中路，出雁门关趋和林；左副将军李文忠为东路，出居庸关至应昌；征西将军冯胜出金兰，沿河西走廊向西一路直取西凉、永昌和甘州、肃州。这次出击，徐达部在杭爱岭北被扩廓帖木儿借助严寒天气打得大败。东路李文忠部不知中路已败退，孤军深入漠北，遭到强大袭击后，奋战而回。西路冯胜部打通了河西走廊，但是兵仅数万，没有力量继续西进。而且以明朝当时的国力军力，也无法支持继续西征，便设置了七个由当地少数民族首领担任长官的"关外七卫"，弃敦煌不守，划嘉峪关为界，建立了嘉峪关城。

大举进攻漠北以失败告终，明王朝认识到，以自己当时的力量是不可能扫除北方威胁的。因此，洪武四年（1371年），明朝在黄河北岸设立了东胜卫，防御蒙古势力南下。洪武六年（1373年），朱元璋批准了淮安侯华云龙提出的"自永平、蓟州、密云迤西二千余里，关隘百二十有九，皆置戍守"的奏议，开始修筑从北京东北和西北部燕山山脉到军都山山脉上的关塞隘口。

永乐十九年（1421年），明成祖朱棣将首都由南京迁到北京，以加强北边防务，抵抗蒙古部落南下。朱棣五次亲征漠北，本想立威定霸，但没有从根本上解决问题，只好在大事征讨的同时，建立长城防御体系："自宣府迤西迄山西，缘边皆峻垣深壕，烽堠相接。隘口通车骑者百户守之。"成祖死后，明王朝再也没有能力对蒙古各部进行大规模伐征了，因此修建长城防御体系便显得更加重要。

正统年间（1436—1449年），明廷放弃了东胜卫，以黄河作为防御险阻，放松了对河套的戍守，结果蒙古部落乘虚而入，不断入犯，明朝的山西、陕西防御线被迫南移数百里，退至山西大同至陕西榆林一线。而大同、榆林地区基本上无险可依，就只好靠多修长城、广建城堡，以加强纵深防御，补充地利之不足。

《明史·兵志》记载："元人北归，屡谋兴复。永乐迁都北平，三面近塞，正统以后，敌患日多。故终明之世，边防甚重。东起鸭绿，西抵嘉峪，绵亘万里，分地守御。初设辽东、宣府、大同、延绥四镇，继设宁夏、甘肃、蓟州三镇，而太原总兵治偏头，三边制府驻固原，亦称二镇，是为九边。"明王朝把北方边防划分为九个区域，各个区域先后修筑了边墙。

明长城就是这样，在不断的退守或被迫的防御中修筑、连缀，形成了一个从东到西由连续墙体及配套的关隘、城堡、烽燧等构成的军事防御工程体系。

筑长城：英雄造事令人惊

家乡不远处就有长城。小时候常听大人讲走"三边"的故事，他们说过了"边墙"就到了"鞑子"地。陕北人对靖边、定边、安边这"三边"都是耳熟能详，但在交通不方便的时代，对于南面的人来说，那些地方就是黄米、炒面、干肉……"边墙"是远在天边的存在。

说起"长城"这个概念，最早印象还是因为"孟姜女哭长城"的故事，再就是图片上那些有垛子的绵延山间的高墙。由于对"孟姜女哭长城"印象深刻，后来路过宜君县时，车行中猛然发现国道旁有一个"哭泉乡"地名，没走多久又发现路边一个石头券砌的小窑洞上刻有"哭泉"二字，很是激动了一番——与历史故事相遇，简直就是与古人对话了。后查《宜君县志》，上面记载："孟姜女祠：位于烈泉镇（今哭泉），祠下有清泉，传说孟姜女婚后三月，丈夫去塞上筑长城而亡。孟姜女负其骨归，途经此地渴甚，便仰天哀号，泉忽涌出。"明朝马理撰孟姜女祠碑记写道：

> 宜君南三十里，镇曰"哭泉"，有姜女祠。祠下有泉。询及父老，云："孟姜女者，前秦沣川人也，适范喜郎。秦筑长城，喜郎从役，瘗其工，

乃筑死于城土中。姜女为送寒衣至边，始知之。悲愤号哭，城自崩瓅，尸骨暴露，莫辨真伪。乃啮指滴血，历验诸骨。其一血入骨，乃知其为范郎也，遂负之以归。至宜君南三十里，息道左，渴欲饮，无水仰哭而泉涌。士人哀重之，共为立庙。至同官（铜川），姜女亦毙，后人复为立庙，夫妇二骸在焉。

当地人又称哭泉为"烈泉"。哭泉所在的山岭叫哭泉岭，附近所有的山岭都是顺着一个方向伸向前方，只有一座叫"女回山"的山横转过来，民间传说那座山就是为了救孟姜女不被官军追上而横转过来的。

1962年，著名戏剧家、诗人田汉在参观宜君孟姜女庙之后，曾经写了这样一首诗：

> 古城荒祠断碣眠，当年姜女走三边。
> 关城万里功千古，莫忘民间有哭泉。

孟姜女的传说最早见于《左传》，但当时的文字记载里还没有"万里寻夫""哭崩城墙"之类情节。西汉刘向的《齐杞梁妻》记载："杞梁战死，其妻收丧，齐庄道吊，避不敢当，哭夫于城，城为之崩，自以无亲，赴淄而薨。"这一记载已经有了哭夫、城崩等情节。到了唐代，孟姜女的传说已经很完整，唐代类书《琱玉集》所收的《同贤记》记孟姜女故事，时代由先秦换为秦始皇时，地域由齐地换为燕地，杞梁妻有了名字叫孟仲姿，情节增加了杞孟结合、哭倒长城、滴血认夫等，与后世所传孟姜女故事大同小异。敦煌莫高窟藏经洞出土变文与曲子词中，关于孟姜女故事的记载有九种之多，变文讲述了杞梁妻送寒衣、哭长城、认夫骨、祭亡魂等情节，曲子词中有一首《捣练子》写道：

孟姜女，杞梁妻，一去燕山更不归。
造得寒衣无人送，不免自家送征衣。

唐朝诗僧贯休，根据孟姜女的故事写了一首《杞梁妻》：

秦之无道兮四海枯，筑长城兮遮北胡。
筑人筑土一万里，杞梁贞妇啼呜呜。
上无父兮中无夫，下无子兮孤复孤。
一号城崩塞色苦，再号杞梁骨出土。
疲魂饥魄相逐归，陌上少年莫相非。

很显然，贯休对长城是持否定态度的，诗中甚至直接批判了"秦之无道"。

明朝以来，孟姜女传说的故事情节更加完整，从长城周边到南方少数民族地区，许多地方都有孟姜女的传说，各地出现了很多姜女庙、姜女坟、望夫石等与孟姜女传说有关的景观，宜君县的这个"哭泉"，很显然是许多景观中的一个。

陕西、山西长城边的百姓多称长城为边墙、大边、二边、新边、老边，但说到谁修筑，几乎一律归于秦始皇——说秦始皇命令蒙恬领30万人修筑了长城，为此尸骨成山。人们认为，后来明朝之所以不用长城这个名词，正是因为有孟姜女这个负面的传说。

对长城的批判，不止于前引唐朝贯休的诗，其实早在汉代就有人批判蒙恬修筑的长城了。司马迁在《史记·蒙恬列传》中就说："吾适北边，自直道归，行观蒙恬所为秦筑长城亭障，堑山堙谷，通直道，固轻百姓力矣。"公元23年，班彪避"绿林之乱"，从长安出发到凉州，途中曾经沿着长城行进，后来他写了一篇《北征赋》，其中有："越安定以容与兮，遵长城之漫漫。剧蒙公之疲民兮，为强秦乎筑怨"等句。汉之后历代文人对长城都有所批评，如唐代汪遵的《长城》写道："虽然长城连云际，争及尧阶三尺高"，将秦的强大武力与尧的仁义道德进行对比，高下立判；同是唐代诗人，苏拯在《长城》中则道："嬴氏设防胡，烝沙筑冤垒。蒙公取勋名，岂算生民死。"罗邺的《长城》说："当时无德御乾坤，广筑徒劳万古存"，胡曾的《咏史诗·长城》说："不知祸起萧墙内，虚筑防胡万里城"等，都是讽刺劳民伤财修筑长城，不能阻挡内部的溃败。到了明朝，作为国防策略，沿边修筑长城达到前所未有的地步，但仍有人发出批评之声，如嘉靖朝进士、官至河南按察司兵备佥事的山西人尹耕就写了这样一首《修边谣》：

去年修边君莫喜，血作边墙墙下水。
今年修边君莫忧，石作边墙墙上头。
边墙上头多冻雀，侵晓霜明星渐落。
人生谁不念妻孥，畏此营门双画角。

在一些人批评长城的同时，作为保卫疆土的主要军事防线，长城时常与对国家的忠诚联系在一起。唐代韩翃《寄哥舒仆射》中的"长城家万里，一生唯报国"，徐九皋《送部四镇人往单于别知故》中的"马饮长城水，军占太白星。国恩行可报，何必守经营。"就是借长城抒发尽忠报国的情怀；而王维《燕支行》中有"誓辞甲第金门里，身作长城玉塞中"，黄中辅《念奴娇·炎精中否》中有"胡马长驱三犯阙，谁作长城坚壁"。这些诗词中的长城，已经成为忠臣良将、国之栋梁的指代，长城的意义已经发生了变化。

历史地理学家侯仁之先生说："长城是相对固定的作战对象，按照统一的战略，以人工筑城方式加强与改造既定的战场，而形成的一种绵亘万里、点阵结合、纵深梯次的巨型坚固设防体系。"他从总体系中包括的五个子体系——城墙、障塞、烽燧、道路、后方补给设施等方面对长城进行了概括。《中国长城志》对长城的定义是：中国古代由连续性墙体及配套的关隘、城堡、烽燧等构成体系的巨型军事防御工程。

本质上说，长城就是一堵墙，一堵修建了几千年的大墙。墙是伴随着房屋而出现的，起源久远。《淮南子》记："舜作室，筑墙茨屋，令人皆知去岩穴，各有家室。"家有墙，邦有城，城越修越大，大而长就成了长城了。

毫无疑问，长城这一堵大墙是中国建筑史乃至人类建筑史上的一个奇迹。这是显示了强大的国家意志、凝聚了集体力量而筑成的军事防御体系，历代人民在极其匮乏的物质条件下，用原始、简单的工具，完成了如此浩大的工程，显示了他们的智慧、力量和决心。

"长城"一词，最早出现在战国时期青铜器和竹简之上。

1928年，河南洛阳出土一组14件青铜器编钟，被称为骉羌钟。这组编钟上刻有61字的铭文，其中有："唯廿又再祀，骉羌作戎，厥辟韩宗，撤率征秦迮齐，入长城……"记录了周威烈王二十二年（公元前403年），韩国名为骉羌的将军，攻齐国入长城的事件，可见当时齐长城已建好并发挥作用。这段铭文是中国出土文物上首次发现"长城"一词。

2008年7月，清华大学收藏了一批战国竹简，清华大学出土文献研究与保护中心整理编纂的《清华大学藏战国竹简（二）》收录的简文中，有"齐人㠯始为长城于济"等句，记的是齐长城的修建时间，而"自南山属之北海"则指齐长城起于今济南平阴、长清一带，沿当时济水修建至渤海岸。简中记载的事是晋景公十五年（公元前441年），由此可知，清华简上的"长城"一词，比骉羌钟早了38年。

传世文献《管子》中有"长城之阳鲁也，长城之阴齐也"的记载，由出土文物和传世文献可以断定，春秋战国时已经有长城这一概念与名词了。长城本是一道延绵的长墙，古人为何不叫"长墙"而称其为"长城"？道理很简单——因为长城除了城墙，还包括关隘、关城、城堡、烽燧等一系列军事防御设施，这是"长墙"所不能完全涵盖的。

战国之后浩瀚的历史文献中，各朝各代修筑长城的记录绵绵不绝，但所用的名称则有所不同。《史记·楚世家》引《齐书》载："齐宣王乘山岭之上筑长城，东至海，西至济州千余里，以备楚。"战国齐筑长城主要是为了防楚，而楚的长城却称为方城。《春秋左氏传》鲁僖公四年（公元前656年）记载，齐桓公率诸河北省怀来县陈家堡附近一段石砌的长城遗迹。公元6世纪北齐为防备突厥入侵而修长城，北周在前代的基础上继续修筑，最后完成于隋代，明代继续利用过这一段长城

侯国伐楚，兵至陉山，楚使屈完对齐桓公说："君若以德绥诸侯，谁敢不服？君若以力，楚国方城以为城，汉水以为池。虽众，无所用之。"《汉书·地理志》则记："叶，楚叶公邑。有长城，号曰方城。"都是说楚国称长城为"方城"。

作为军事工程，也有称长城为"堑"的，后世因之称为长堑、墙堑。《北史·契丹传》载："契丹犯塞，文宣帝亲戎北讨。至平州，遂西趣长堑。"《明史·余子俊列传》记："寇扼于墙堑，散漫不得出。"还有因为长城一线的亭障、障塞等建筑，就并列称为长城亭障、长城障塞、长城塞等，如《史记·蒙恬列传》："吾适北边，自直道归，行观蒙恬所为秦筑长城亭障……"；

《通典·古冀州》："密云郡……东北到长城障塞一百十里";《晋书·唐彬传》："遂开拓旧境,却地千里。复秦长城塞。"

将长城称为塞、塞垣、塞围,主要是根据长城的作用。《史记·匈奴列传》："于是汉遂取河南地,筑朔方,复缮故秦时蒙恬所为塞,因河为固。"《后汉书·乌桓鲜卑列传》："天设山河,秦筑长城,汉起塞垣。所以别内外,异殊俗也。"《魏书·世祖纪》："发司、幽、定、冀四州十万人筑畿上塞围。起上谷,西至于河,广袤皆千里。"

明代之前,长城作为军事防御工程,长期存在,但更多的功能真所谓"别内外,异殊俗",在军事功能之外还强调文化意义上的内外之别。只有到了明代,将长城视为边防线,因此称长城为边垣、边墙。《明史·戚继光列传》："蓟镇边垣,延袤两千里。"《明史·兵志》记有翁万达"请修筑宣、大边墙千余里"。

由于明代不再称长城,明代灭亡之后300多年,长城这一巨大的军事屏障逐渐荒废,除了个别地段,大部分都没有得到保护维修,国人逐渐将其遗忘,"长城"这个词汇也在很长一段时间内似乎从中国人的记忆里消失了。

明朝正德年间,欧洲人开始来到中国沿海活动,万里长城逐渐被西方人所记述。一般认为,葡萄牙历史学家巴洛斯(Joao de Barros)是第一位记述长城的欧洲人。1563年,曾在印度生活过的巴洛斯在他的《第三十年》中说,在一幅关于中国的"完整地图中绘有此城墙,据说此地图系中国人所作,上面形象地表示所有山河城镇,标出其中文名称……而在我们获得此地图以前，我们也已得到一小卷宇宙志著作，附有一些标明地貌和注明旅程的地图。上面即使没有绘出此城墙，但我们已得知它的信息。而且我们原来从他们那里知道的是，此城墙不完全是连绵不绝的，仅仅是建在某些险峻山脉的关口。但我们现在已经看到他们如何将它绘成延绵的整体，在这一点上我们大为惊奇"。巴洛斯还认为，中国的长城当在北纬43度到北纬45度之间，并指出中国人修筑长城的目的是为了防御鞑靼人的入侵。

但浙江大学教授黄时鉴研究发现，比巴洛斯更早就有西方人记录过长城。1549年，一批在中国沿海从事走私贸易的葡萄牙人被明军俘获，他们中的一些人在中国南方度过几年囚徒生活。后来，一个在中国做了6年囚徒的匿名传教士在《中国报道，一个在那里当过六年俘囚的可敬的人，在马六甲神学院向神父教师贝唆尔（Belchior）讲述》中说：

在中国与鞑靼交界的边境上，有一座极其坚固的城墙，它的长度可以让人走上一个月，皇帝将大量的士兵安置在堡垒中。当城墙修筑到高山处时，他们就对高山进行劈削加工，从而使高山能作为城墙的组成部分而保留下来，因为鞑靼人非常勇敢，且精于战争。当我们在做囚徒时，他们曾冲破此城墙，进入中国内地达一个半月路程远的地方。但由于中国皇帝准备了大量的军队，这些军队有精巧的装备（中国人擅长此道），赶走了骑马作战的鞑靼人。由于鞑靼的马匹越来越疲乏饥饿，一个中国军官命令将大量的豆子撒在田野上，这样，那些饥饿至极的马匹再也不听主人的使唤而来吃豆子。于是，中国皇帝的军队就将他们打得大溃而归。现在，城墙上监守严密。

这个匿名传教士讲述的时间是1554年，此报告最早是1555年在里斯本用西班牙文刊印的，这是目前所知欧洲人关于长城的最早记述，可惜那位传教士的名字没有流传下来。

1575年，以传教士拉达（Martin de Rada）为首的西班牙使团来华在福建逗留了两个月，拉达后来在自己的中国见闻中写道："中国北边是一道雄伟的边墙，那是世界上最著名的建筑工程之一。"

18世纪，英国首次派使团访华时，长城已经失去了防御作用，朝廷允许英国使者在官员陪同下登上长城游览。英使安德逊在《英使访华录》中记述："一位

山西大同明长城遗迹（赵鹏飞／摄）

官员和我们一起在城墙上行走时说，根据他的国家历史所载，长城是在两千年前建筑完成的，那就早在耶稣纪元前好几个世纪了。"1793年，英国画家亚历山大绘制了"长城"版画。随着这些关于长城的记述和图画的传播，到19世纪时，Great Wall（英文中的"长城"一词）已经为西方人普遍熟悉，从山海关到嘉峪关的长城标志也出现在他们出版的地图上了。从那时起，长城以它那上临绝顶、下眠深谷、逶迤万里的庞大身影吸引着世人的目光，渐被捧为人类奇迹。20世纪初，Great Wall 一词辗转回国，"伟大的长城"似乎成了西方人发现并且命名的事物了。

清光绪十四年（1888年），康有为赴京参加乡试时，游览了居庸关长城，写下了《登万里长城》：

秦时楼堞汉家营，匹马高秋抚旧城。
鞭石千峰上云汉，连天万里压幽并。
东穷碧海群山立，西带黄河落日明。
且勿却胡论功绩，英雄造事令人惊。

在描述长城壮观气势的同时，康有为以前人少有的角度，称赞秦始皇修筑长城的功业，长城的文化内涵由此开始转向近代化。

孙中山也视长城为中国最伟大的工程，他在《建国方略》中说："始皇虽无道，而长城有功于后世，实与大禹治水等。""中国最有名之工程者，万里长城也……工程之大，古无其匹，为世界独一之奇观。""倘无长城之捍卫，则中国之亡于北狄，不待宋明而在秦汉之时代矣。"当时的中华民国虽然取代了清朝，但是传统帝国崩溃而造成的文化空白却未被填补，对中国这样一个依靠统一性和象征性的文化秩序来维系凝聚力的国家，将长城转化为一个正面象征，正适应了这一需要，长城形象也就此逆转。

1931年九·一八事变之后，抗日战争将人们对长城的爱恨情绪，转化成一种民族主义情绪。1935年，《义勇军进行曲》随着电影《风云儿女》而唱响大江南北，喊出了"把我们的血肉，筑成我们新的长城"，明确了长城作为中华民族精神依托的地位。1949年，《义勇军进行曲》成为国歌，长城从此成为中华民族的精神象征。

长城作为军事防御体系出现，充分体现着中华民族不屈不挠、英勇顽强的抗争精神；长城的存在，进一步推动了中华文明与世界文明的交往，保障了丝路贸易的安全，有力地促进了中华民族与世界其他民族在政治、经济、文化和思想等方面的交流和发展；长城是中华各民族之间不断碰撞、交流和融合的地带；长城体现出家国一体的精神理念。

经过两千多年岁月的风吹雨打，长城已经成为一个历史悠久、内涵丰富的文化意象。这个意象中，有风雨飘摇时的悲愤与批判，有国难当头时的担当与勇气，这些意象集聚在一起，体现的是历久弥坚的家国情怀，升华的是国家民族的向心力与凝聚力——用我们的血肉筑起我们新的长城！

万里长城是中国悠久历史和灿烂文明的象征，凝聚了中华民族众志成城、坚韧不屈的爱国情怀。长城绵延万里，既是中国古代重要的集体工程，又是集体力量的最佳展示，同时串联东西和南北，是中国重要

的国家象征，将其作为国家文化公园，最能揭示国民性格和文化传统形成的原因。在《长城、大运河、长征国家文化公园建设方案》中，长城国家文化公园的建设范围，包括战国、秦、汉长城，北魏、北齐、隋、

唐、五代、宋、西夏、辽具备长城特征的防御体系，金界壕，明长城，涉及北京、天津、河北、山西、内蒙古、辽宁、吉林、黑龙江、山东、河南、陕西、甘肃、青海、宁夏、新疆15 个省、自治区、直辖市。

长城国家文化公园必将是弘扬爱国主义精神、勤劳勇敢精神、民族团结精神和开放创新精神为主的长城精神的最佳载体。长城国家文化公园，也将充分展示长城所体现的不畏强敌、敢于反抗的爱国主义精神，各民族互助团结、和平处理民族关系的准则，勇敢无畏、吃苦耐劳的优秀品质，坚韧不拔、自立自强、昂首挺立的人格魅力，抗暴扶弱、除恶扬善的正义情怀。长城国家文化公园既体现了中华民族优秀传统文化的价值取向，同时也显示了人民群众创造推进历史的伟大历程。

嘉峪关：严关百尺界天西

道光二十二年（1842年）十月，因鸦片战争被革职发配新疆的林则徐，经过一年多的旅途劳顿，抵达嘉峪关，出了嘉峪关就是前路渺渺的戈壁沙漠了。在嘉峪关，林则徐作了四首《出嘉峪关感赋》诗，其中第一首写道：

> 严关百尺界天西，万里征人驻马蹄。
> 飞阁遥连秦树直，缭垣斜压陇云低。
> 天山巉峭摩肩立，瀚海苍茫入望迷。
> 谁道崤函千古险，回头只见一丸泥。

林则徐由浙江镇海一路西行，经函谷关入关中，然后进入河西走廊，一路上时时触景生情，想必曾经为崤函古关之险而感叹过。然而到了嘉峪关，回头一看，所谓的崤函千古险关，不过是"一泥丸"，在林则徐眼中，"除是卢龙山海险，东南谁比此关雄！"——除了河北的卢龙要塞和山海关，遍视东南，再有哪座关城，比得上嘉峪关的雄伟固险？这也反映了嘉峪关后来被左宗棠题为"天下第一雄关"，是名副其实的。

作为长城国家文化公园明长城西部最重要的关隘，

嘉峪关并不只是一座关城，而是一个完整的体系，其中"长城第一墩台"是关城西边长城重要的组成部分。

"你说光一个破土墩谁会来看？所以就搞了这些索道什么的。"在嘉峪关关城西边"长城第一墩"下，一个导游指着悬崖下的溜索说。

习惯上我们认为明长城的最西端是嘉峪关，其实长城在过嘉峪关关城后，夯土城墙继续向南6000多米，到讨赖河北岸悬崖，崖边有座残高7米的黄土夹沙夯筑墩台。此墩为嘉靖十八年（1539年）肃州兵备道李涵监筑，墩台居高临下，俯瞰讨赖河切割出数十米深的峡谷，险峻壮观，今人称其为"万里长城第一墩"。其实明长城在此也并没有结束，而是过讨赖河，逾文殊山，进入肃南县境的祁连山区，然后以山为障，呈南偏西方向延伸到卯来泉堡西南的肠子沟红泉墩。从讨赖河南岸至红泉墩，长45千米，沿线配置了十几座墩台，依山起伏，彼此呼应，甚为壮观。

卯来泉堡故址位于今甘肃省肃南裕固族自治县祁

丰藏族乡堡子滩村，是明万里长城最西端的屯兵城堡。卯来泉堡建于明万历三十九年（1611年），清代梁份实地考察西北后所著《秦边纪略》记载："（卯来泉）堡在半山，西南依山阻险，东北直达肃州。堡小地僻，多山无田，黑番白刺宛冲族驻牧，肠子沟东至肃州（今酒泉市）一百九十里，红泉墩东北至肃州一百五十里。南山、讨来川及各夷欲入腹地，必从堡南渡河，若扼险峻防，则必从肠子沟至红泉墩，于长城尽处入也。"卯来泉堡依山傍水，位置险要，是嘉峪关关城南面的前沿哨所，自古就是相当重要的关隘。该堡明朝时常设驻守官1名，驻扎马步兵125名，管辖附近11座墩台，其中红泉墩是"长城所自起也"，应该说那里才是万里明长城真正的西端起点。

嘉峪关讨赖河边的长城第一墩

现在，讨赖河北岸的"长城第一墩"下架设了一条溜索，可以直达河对岸，河谷里有许多游乐设施，这里已经成为许多人参观嘉峪关之后的一个旅游景点。

嘉峪关市是因为长城关城而设市的，现在这座旅游城市因为有酒泉钢厂，又有玉门油田，更多是一座工业城市，但旅游或者说古老的长城，给这座城市带来的影响是巨大的。

嘉峪关在我的记忆里，要远溯到20世纪70年代时看到的一张黑白照片——我家的表叔头戴棉军帽、手端冲锋枪，气宇轩昂地站在一座高大的城楼前——照片下面写着"嘉峪关留念"。那几个字和那座城楼，我至今依然印象深刻。

那时感觉，嘉峪关远在天边。我们当时正在接受"反修防修"和"时刻准备打仗"的教育，"反修"反的是"苏修"，"防修"防的也是"苏修"，因此就以为嘉峪关离"苏修"——苏联一定很近，表叔他们的冲锋枪是随时对准"苏修"的。后来看了地图才知道，嘉峪关处于中国腹地，而"苏修"远在万里之外，向北隔着内蒙古、蒙古国，向西隔着新疆，中间都是广阔浩瀚的戈壁大漠，几乎八竿子打不着。但是，在嘉峪关以东沿长城一线，据说在20世纪70年代的确是陈列重兵。

中国与苏联在珍宝岛发生冲突之后，时刻准备着与"苏修"打仗。中国东北防线人口稠密，工农业和铁路交通发达，给养补充方便，如果发生战争对于苏联来说极其不利；而中国西北的新疆一带，防线漫长且远离铁路和工农业地区，苏联的铁路直抵边境，给养补充方便。当时判断，如果中苏再次发生冲突或战争，很可能是在西北，而在珍宝岛冲突之后，中苏在新疆的确发生了小规模的冲突。中国在西北防线虽然有重兵把守，但有一种说法是，当时中国的战略意图是诱

嘉峪关到了清代已经失去了军事意义，成为出入新疆的税关

敌深入，然后在新疆防线收口，嘉峪关一线堵截，让深入之敌远离后方，无法补充给养，困于广阔的西北戈壁大漠，达到不战自败。

如此看来，嘉峪关在现代仍然有着重要的战略意义。

嘉峪关因关北平冈上有嘉峪山而得名。《秦边纪略》记载："嘉峪关，即壁玉山，亦谓之玉石山。明收河西地，而以嘉峪为中外巨防，此河西之极西，而譬诸吐舌之末也。地无居人，为屯兵焉。四面平川，而关在坡上。初有水而后置关，有关而后建楼，有楼而后筑城，长城筑而后关可守也。"嘉峪关南面为祁连山的支脉文殊山，北面为马鬃山的支脉黑山，两山之间的距离只有15千米左右，是河西走廊较狭窄地段之一，也是当地东西交通唯一孔道。《秦边纪略》认为："嘉峪南连卯来，北接野麻，东达肃州，西出塞外。明以哈密主西域贡，故西域出入咸在嘉峪"，因此古称"河西第一隘口"。再加上其坡下有九眼泉，"关外则有大草滩，水足草美，往来番夷所停骖而驻足也……（夷）在西、在北、在西南、在西北者不胜数……故四方之往来咸绕于关前。"因此这里自古为军事要地，战略地位十分重要。

明洪武五年（1372年），冯胜在占领河西地区以后，在嘉峪山九眼泉山坡上面修建嘉峪关城，最初的关城是一座周长二百二十丈的土城，也是一座孤立的城；弘治八年（1495年），在兵备道李端的主持下，修建了关楼；正德元年（1506年）后又建了内城东西二楼，逐渐形成了内城、外城、罗城三部分坐西朝东环环相套的格局。在东西向的轴线上，依次分布文昌阁、内城东城楼、内城西城楼、嘉峪关城楼四座主要建筑，组成了关城体系。民国文人邵元冲在《西北揽胜》中称嘉峪关关城"南据红山祁连，北倚黑山牌楼，关据适中，深藏固闭，诚河西之第一雄关"。

洪武年间嘉峪关设立关城，明朝的军队虽然在关内，但政治势力还可以延伸到关外。明廷在关外设立了七个由当地少数民族首领担任长官并且与中央政府保持朝贡关系的卫所，这便是所谓的"关外七卫"，从洪武到永乐年间设立的这七卫分别是安定、阿端、曲先、罕东、赤金蒙古、沙州和哈密。其中安定、阿端、曲先、罕东四卫，在现在的青海省境内；哈密在今新疆境内；沙州卫和赤金卫则包含现在的玉门市、瓜州县、敦煌市、肃北蒙古族自治县和阿克塞哈萨克族自治县。这七个卫所辖地域东起嘉峪关、西达罗布泊、西北到新疆巴尔库山、南尽占柴达木盆地，面积广大，主要居民是维吾尔族、蒙古族、藏族和撒里维吾尔（又称黄头回鹘，今裕固族）。

关外七卫犹如甘肃镇西部的屏障，与甘肃镇互为表里，宛如唇齿。七卫中的沙州卫，直接负担着西域防线军马钱粮的供应，沙州不保，明朝的西域防线也就不保。而哈密卫西接吐鲁番，北邻瓦剌，东接沙州、赤斤等卫，战略地位更加重要——西域各地方势力要东进甘肃，首先必须夺取哈密。因此，关外七卫中，哈密显得尤为重要。

洪武十三年（1380年）四月，明太祖命都督濮英率兵西征哈密，打到了白城、苦峪，抓回一批俘虏"还兵肃州"。由于这次进兵，原元朝统治河西和哈密等地的威武王、肃王兀纳失里"遣使纳款"。次年五月，兀纳失里又遣使者回族人阿老丁来朝贡马。洪武二十三年（1390年）五月，哈密王兀纳失里再遣长史阿思兰沙、马黑木沙来朝贡马。

洪武二十四年（1391年），兀纳失里请求明廷允许他在延安、绥德、平凉、宁夏以马互市，遭拒绝。哈密地处交通要道，于是西域各族朝贡明廷者，"多为兀纳失里所阻遏。有从他道来者，又遣人缴杀之，夺其贡物。"当年八月，明太祖令左军都督金事刘真、宋晟率军讨伐哈密，刘真等人由凉州西出，直抵哈密城下，包围破之，兀纳失里及家属逃走。次年，兀纳失里"遣使贡骡马请罪"。

兀纳失里死后，其弟安克帖木儿掌管其部众。明成祖初年，明廷派遣使臣前往哈密等地，"许其以马市易"。永乐元年（1403年），安克帖木儿遣使来朝贡马190匹，"市易马四千七百四十匹，上命悉官偿其值，选良者十匹入御马监，余以给守边骑士"。朝廷赐给哈密王安克帖木儿的使臣金织文绮、钞等物，赐安克帖木儿银两、纻丝等。

永乐二年（1404年）六月，安克帖木儿遣使来朝，表请赐爵，明廷遂封其为忠顺王，遣指挥使霍阿鲁秃等赍敕封之，并赐之彩币。同年，忠顺王安克帖木儿被瓦剌迤北可汗鬼力赤毒死，对外宣称是病卒。永乐四年（1406年），明廷封安克帖木儿侄子脱脱为忠顺王，同年三月"设哈密卫，给印章"，当年冬，授哈密各族头目19人为都指挥等官，哈密卫正式建立。

为了巩固关外七卫与甘肃镇的关系，确保西北边疆安定，明朝对于七卫的经营非常关注。七卫在明初还时常向明廷纳马贡赋，但各卫之间时常争斗。宣德十年（1435年），沙州卫遭哈密侵犯，沙州卫部分百姓内附居住于甘州一带；后来吐鲁番占领哈密，进入沙州卫并且屡犯嘉峪关；弘治七年（1494年），明廷决定"闭关绝其贡"；弘治十七年（1504年），瓦剌和安定部族合兵大肆抢掠沙州人畜；正德年间，吐鲁番再次占据哈密，并经常侵扰沙州卫。由于沙州卫难以抵御瓦剌、吐鲁番的侵掠，正德十一年（1516年）和嘉靖七年（1528年），沙州卫统领率部众几千人迁入肃州、甘州，沙州卫被吐鲁番完全占据，西域贡道遂绝。

虽然修建了嘉峪关关城，但由于没有边墙呼应，正德十一年（1516年）和嘉靖三年（1524年），吐鲁番军队两次侵入嘉峪关，围攻肃州，大掠而去。嘉靖十八年（1539年），尚书翟銮巡视西北防务，见嘉峪关墙损壕淤，不堪一击，于是上书朝廷恳请修葺加固边墙，由兵备道李涵监修关城并筑关城两翼长城。

　　嘉峪关西边墙"南自讨来河，北尽石关儿，共长三十里"，每五里设墩台一座，横亘于北山到南边河谷之间的荒滩上，形成了一道有效的屏障，以防御西来之敌的侵扰。后来又继续延长边墙，"起于卯来泉之南，讫于野麻湾之东北"，西边越过文殊山直达祁连山主脉山坡，东从嘉峪关一直到野麻湾之东北，与金塔县、高台县（所）的边墙相连接，以阻遏北边蒙古部落的南下。也就在这一年，明政府在"闭关绝贡"的主张下，封闭嘉峪关，完全放弃了嘉峪关以西广大地区，从此百余年间西域与明朝脱离联系。

　　哈密处西域要道，地理位置非常重要，是明朝迎护朝使、统领西域、牵制瓦剌的西陲屏障，可是明朝统治者始终没有在哈密地区驻扎一兵一卒。本来哈密、吐鲁番"服食器用，悉仰给于中国"，绸缎、铁器、茶叶等物，都是"日用之不可缺者"，无论哈密或是吐鲁番，对与明朝的关系都十分重视，不断要求增加进贡次数和人数。但由于这些地区离明朝统治中心较远，而且治下多为少数民族，限于国力，明朝不能够对其进行更为直接的统治，其自主性较关内各卫强。实际上，明代统治者对西北边疆从开始就没有开疆拓土的打算，奉行"四夷来贡者不拒，未来者不强"的政策。《皇明祖训》里记载朱元璋告诫子孙："四方诸夷，皆限山隔海，僻在一隅，得其地不足以供给，得其民不足以使令。"所以，明朝放弃西域，表面看是和军事力量不足与军队后勤保障线太长有关，实质则与朝廷局限于传统农业边疆的战略思想有关。退守嘉峪关，一方面是因为朝廷认为统治管理关外广大的土地"不划算"，另一方面则是明朝中后期，军备松弛，"边军疲于役占，屯田坏于兼并"，对于关外的哈密等地实在是顾不过来。

清朝统一版图，西域成为新疆，嘉峪关完全纳入帝国腹地，但关城并未废弃，并且进行过多次大维修。乾隆五十七年（1792年），嘉峪关游击将军袋什衣主持在嘉峪关关城里修建了一座戏台——明的武功之所变成了清的高台教化之地！当然，那时关城里还驻有官兵，但那完全是一座只有象征意义的关城，因为清朝的疆域远在新疆之外了。同治十二年（1873年），陕甘总督左宗棠不仅下令整修了嘉峪关关楼和城墙，还手书"天下第一雄关"，刻匾悬于关楼。

1952年，郭沫若就提出了维修长城的计划，得到了周恩来总理的支持。20世纪50年代修筑兰新铁路时，测量线路要经过嘉峪关附近，周恩来总理说："嘉峪关是我国一大古迹，铁路要绕道！"为此，嘉峪关关城南面的铁路转了一个大弯。

20世纪50年代到90年代，各级政府和群众先后投资820多万元，对嘉峪关城进行数次维修保护。其中1985年至1989年，嘉峪关市对嘉峪关关城城墙进行了加固维修，对嘉峪关关楼进行了重修，对关楼两翼长城进行了修补，对讨赖河畔的长城第一墩进行了综合保护，并且修建了长城沿线的第一座长城博物馆。

链接

长城国家文化公园甘肃段建设保护规划

总体框架和主要内容是严格按照中央国家文化公园建设方案确定的。主要特色是结合时空分布、地域特色、发展需要等要素，对全省长城文化资源进行了系统梳理，对价值内涵作了准确提炼，以此为依据，形成"三园、三段、八点一线"的总体布局，打造长城国家文化公园甘肃段示范区。

三园：分别是"河西汉塞"核心展示园，主要展示世界文化遗产玉门关遗址、丝路要隘阳关遗址和敦煌汉长城；"明代雄关"核心展示园，主要展示明代长城西端起点"天下第一雄关"——嘉峪关、万里长城第一墩、悬壁长城、酒泉肃州区边湾滩长城；"陇右屏障（战国秦）"核心展示园，主要展示战国秦陇右屏障西端起点望儿咀段长城，临洮、通渭、岷县境内的长城墙体、壕堑、烽火台、山险及相关其他遗存等。

三段：以3处核心展示园为基点，以汉长城、明长城、战国秦长城资源为分支，汇集形成3条展示带。分别是汉长城集中展示带，以敦煌、瓜州、玉门、金塔等地部分点段为重要展示节点，形成甘肃汉长城集中展示带，其中重点打造金塔长城国家风景道示范段；明长城集中展示带，以嘉峪关、酒泉肃州、山丹、临泽、永昌、民勤、古浪、天祝、景泰、兰州西固等地部分点段为重要展示节点，形成甘肃明长城集中展示带，其中重点打造山丹长城国家风景道示范段；战国秦长城展示带，以临洮、通渭、静宁、环县、华池等地部分点段为重要展示节点，形成甘肃战国秦长城集中展示带，其中重点打造榜罗镇长城国家风景道示范段。

八点一线：根据全省长城分布特点，结合核心展示园、集中展示带分布范围，建设8个长城特色展示点，分别是临泽、永昌、民勤、古浪、天祝、景泰、环县、华池。依据长城及其周边自然风光、文化景观等设置不同的展示主题。

天城村：河上边城自汉开

　　沿着312国道，从嘉峪关向东而行。在这一段公路上是看不到长城的，因为从嘉峪关到高台县天城，长城穿行于戈壁沙漠之中，几乎是直向东去，国道则偏向东南而行。

　　张掖有两条河，一条从东边的焉支山向西流，古称弱水，今名山丹河；一条从南边的祁连山向北流，古称羌谷水，即今日黑河。山丹河与黑河在张掖城西北汇流后仍称为黑河，向西流入高台县境，自高台县城一直向西北而去，过罗城、天城北上直达额济纳，到了额济纳戈壁沙漠区，黑河称弱水或额济纳河。这一条河对于额济纳意义非凡，国家有专门的黑河调水部门，协调流域内各地的用水。

　　沿着国道到了南华之后左拐，车朝西北方向的高台县而去。过高台县城，沿着黑河往西北方向，去60千米外的天城村。不论是走在左岸还是右岸，两边全是沙漠，过了罗城，右边的沙漠里不时出现墩台，墩台之间的墙体大都被黄沙掩埋，有一些露出的墙体，也只是像田埂一样凸起的土梁。黄沙之中的墩台高大夺目，远远望去，犹如伫立了千年的士兵。

这些墩台就是古代用来传递信号的烽火台，也是长城防御体系的配套建筑。烽火台汉代称为烽燧、亭燧、烽堠，唐代称烽台，明代称烽火台、墩台、烟墩等。《说文解字》解释"烽，燧侯表也，边有警，则举火""燧，塞上亭，守烽火者"。因此，烽燧既指烟火信号，又指施放烟火信号的台子。后世称"烽火台"，就是以烟火示警，举火放烟要传得远，必然要建在开阔处或高处。另据《史记正义》"昼日燃烽以望火烟，夜举燧以望火光也"，《史记索引》"烽主昼，燧主夜"等记载，表明"烽"为白昼燃烟，就是将柴草或晒干的牛羊粪点着，浓烟腾空而起，远处的人很容易看见；

高台县境内沙漠中的烽火台没有被流沙湮没，但快要倒塌了

"燧"则是指代夜间点火让远处的人们看到。

　　烽燧早在西周就诞生了，经过春秋战国和秦朝，到了汉代已发展得较为完备，长城防区已经有了一套富有成效的烽燧、戍卒边防侦察报警体系。

　　汉代边塞专设有斥候，即侦察敌情的士兵，主要在塞外巡逻侦察，他们在巡逻侦察中一旦发现异常，立即向塞外燧或边塞发出信号，以便及时防御。塞外燧是修筑在边塞外的烽燧，距离边塞有一定距离且在显眼处，以方便边塞观察。由于处于边塞之外，危险性远高于边塞上的烽燧，所以服役者多为违法犯罪的戍卒。

高台县境内的长城遗迹只剩低矮的土梁，远处是一座烽火台

考古工作者实地考察发现，在甘肃一段50千米的汉代长城沿线，共发现烽火台80余座，平均间隔距离约3千米，最远不超过5千米。烽火台多为沿线单个排列，也有少数两个并列。山区间距稍近，地势较平坦地段间距稍远。烽火台离城墙一般8~10米，远的不超过30米，均在长城内侧。用罗盘仪或目测发现，筑于平地、山谷、山头上的所有烽火台，不论如何随地形变化改变方位，但站在其中任何一座烽火台上，都既能遥望前一座，也能回顾后一座。

守在烽燧上的戍卒为4~30人，有燧长统领。戍卒必须记诵举放烽火信号的具体规定"烽火品约"，熟练掌握施放各种烽警的方法，以便及时准确传递边情。

根据出土汉简记载，西汉时期居延边塞（就在天城北部的沙漠里）的烽火信号分为烽、表、烟、苣火和积薪五类。烽是白天使用的信号，是用草薪燃火报警；表是以布帛蒙在一长方形木架之上，也用于白天报警；烟是烽燧白天与烽、表相配合的烽号，烽燧备有施烟灶，报警时在灶膛内燃柴草、粪，烟火从烟囱施烟于空中，远方得以望见；苣火是夜间使用的信号，简称火，通常是由燧卒手执燃举，或竖于堠顶燃举；积薪是烽燧燃积薪以浓烟或烈火表示的一种烽号，昼夜都可以使用。积薪大都置于距烽燧10米以外，与烽燧线垂直排列，以便于候望应和。

五类烽火信号并非各自独立使用，一般是根据敌情组合使用。使用的方式属于高度军事机密，《唐律疏议》记有"放烽多少，具有式文。其事隐秘，不可具引"。北宋的《武经总要》则说"凡烽号隐秘，不令人解者，惟烽帅、烽副自执，烽子亦不得知委"。根据出土的汉简记载，汉代边塞是依据敌人的多寡及远近，把敌情分为五品，敌情品级不同，烽火的组合品级也就不同，烽号的兴放次第及次数（数量）也随之而变。例如，入侵敌10～100人，燔一积薪，昼举二烽，夜举二苣火；入侵敌500～1000人，燔一积薪，昼举三烽，夜举三苣火；攻亭障，不得燔积薪，昼举亭上烽，夜举离苣火。

由于烽火传递只能依靠燧卒的肉眼观察信号，所以遇阴晦风雨，警烽便难以传递。有时还会发生举烽失误的情况，对此则采取遣驿骑驰告或传檄等措施来补救。

由于烽火关联紧急军情，所以不仅要求传递准确，而且还要尽可能地迅速。据研究，汉代烽火的运行速度为一昼夜1782汉里（据陈梦家先生推算，1汉里约合325米），也就是说，一昼夜可以运行将近580千米。

明代对长城沿线烽火台的信号传递也有严格规定。成化二年（1466年）的规定是这样的："若见敌一两人至百余人，举放一烽一炮，五百人二烽二炮，千人以上三烽三炮，五千人以上四烽四炮，万人以上五烽五炮。""烽炮"就像现代信号弹，不但有火光烟焰，还有响声，既便于提醒下一烽火台，也便于加快传递速度。

到明后期，悬灯、举旗与放炮相结合的报警方法，逐渐取代了烟火和放炮相结合的制度。当时有长城烽火台传递信息的口诀，以便官兵记诵使用。白天的口诀是：

> 一炮青旗贼在东，南方连炮旗色红。
> 白旗三炮贼西至，四炮玄旗北路逢。

夜晚举旗无法看到，改为悬灯，口诀是：

> 一灯一炮贼从东，双灯双炮看南风。
> 三灯三炮防西面，四灯四炮北方攻。

  这种放炮报警的传递速度比过去的点烟法要快得多，在理想的天气情况下，一昼夜可达7000余里。

  过了罗城不久就到了天城。罗城、天城都是长城沿线驻军的地方。今天看来，天城好像非常偏僻，但它所处的位置，是张掖、酒泉和内蒙古额济纳旗交界的三角地带。在古时，这里恰如一把锁钥嵌在河西走廊通往内蒙古阿拉善、额济纳的咽喉上，素有"天城锁钥，要道咽喉"之称。天城三面衔山，一水环绕。山上面高耸的烽火台及长城与嘉峪关一脉相连，最高的山头叫顶儿山，当地民谣夸张地说"登上顶儿山，照见嘉峪关"。

  黑河绕天城而过，河水将山地冲开一道狭窄的沟谷，流向西北直达居延泽。

  黑河峡谷古称镇夷峡，今名正义峡——清朝时带有"夷""胡"的地名多数都改了名。峡谷内壁陡石怪，如斧劈刀削一般。《禹贡》载："禹导弱水于合黎，余波入于流沙。"《高台县志》载："镇夷峡口，为当年禹导弱水所劈。"当地传说山崖上至今仍有大禹王的斧痕。清代《张掖河水运记》记载"镇夷旧有渡船，用以渡人马"，可知当年这里属于渡口津关，名"镇夷"，不外是凭借险要地势阻止外夷入侵之意。

《肃州志》记这里："祁连远拱，合黎近峙，白成山顾于前，黑河水绕于后，可谓屯田、用武、控扼戎番之要地。黑山峙于东北，弱水经于西南，山岭崔巍，石峡险隘，实屯守要地，泉水环绕，河山襟带，为甘肃通驿要路，三秦锁钥，五郡咽喉。"正如明朝郭登《甘州即事》诗所言："黑河如带向西来，河上边城自汉开。"

公路两边全是缓平的沙漠或戈壁，迎面突兀出现一道如门陡立的山脊，不由得精神一振，正义峡到了。侯继周带着我们穿过一大片沙砾荒滩，爬上了近处看并不高大的山头，上去了才发现，山头上烽火台的位置真是了得——向南俯瞰辽阔的黑河谷地，向北群山之外的巴丹吉林沙漠清晰可见，无论南北有任何动静都一目了然。

侯继周是天城村的文物保护员，他隔几天就要到附近的明长城、汉长城上巡查一番

侯继周是天城村的文物保护员，他隔几天就要到附近的明长城、汉长城上巡查一番。他告诉我，跟前的烽火台是汉长城遗迹，远处东边的山头上那座烽火台则是明长城的遗迹——许多地方的史料记载，明代边墙是沿着汉代长城遗迹构筑的，当时也没有什么文物保护法，旧址上筑新墙也不算破坏文物，还省时省力。我们发现，明代的长城总是在汉长城的南边或者说里面——这到底是尊敬先祖不敢逾越，还是骨子里的退缩防守？也许只有当事人清楚了。

天城村在山下黑河谷地里，村北不远处就是正义峡口。

生于天城长于天城的侯继周，对当地历史如数家珍。他告诉我，天城村背后的连绵群山，如一道阻隔大漠内外的天然屏障。唯有大禹王劈开的石峡，是群山深处的一条狭窄通道，乃古代连通匈奴龙城的必经之路，古称"龙城古道"。天城有确切记载的历史是西汉元狩二年（公元前121年），汉武帝命骠骑将军霍去病领兵万骑，收复河西，大破匈奴，一部分被击溃的匈奴就是从天城石峡逃向山外漠北，发展成右匈奴。后人在石峡的山头上建起霍王庙，以纪念霍去病。逃出中原之境的匈奴渴慕河西山川水草，屡图卷土重来。经过多年休养生息，蓄积了一定的力量，到了汉宣帝时再度犯境，又在大漠上踏起狼烟。当地传说，公元前70年，汉宣帝拜赵通为宣武将军，领兵赴河西再讨匈奴。赵通是秦相赵高之后，精通武略，英勇善战，他联络乌孙，约定在居延道包抄匈奴。自率精骑，出石峡从黑河北路直下，在石门山与匈奴相接，一场激战，匈奴大败，汉军乘胜追击百里，适逢乌孙兵马从

西路赶到，两边夹击，斩杀匈奴右贤王，大获全胜。战后，赵通奉旨留守天城，修筑烽墩，移民垦荒，天城一带自此开始有人口聚居。然而，查诸史书不见赵通事迹，也许此说为后人杜撰。

确切可考的是，明朝洪武五年（1372年），都指挥马溥在石峡附近建城筑堡，设立规模宏大的哨马营驻兵把守。《高台县志》记载，洪武三十年（1397年）在此设立镇夷守御千户所，隶属陕西行都司，洪武三十三年（1400年）革除。永乐元年（1403年），在黑河北岸筑哨马营，因其军事地位重要，又复设镇夷守御千户所。天顺八年（1464年），城被洪水冲毁，遂在旧城东北、黑河五里处另筑周长四里余的新城，甘肃镇总兵宋晟复奏设镇夷守御千户所。镇夷千户所经明、清两朝前后历时329年。到清朝，镇夷峡外的广大地区纳入版图，镇夷峡的边关地位不再。雍正三年（1725年），大将军年羹尧平定青海罗布藏丹增叛乱后，将镇夷、高台两个卫所合并为高台县，隶属甘州，镇夷千户所结束了它的历史使命。

明代镇夷堡内有察院、游击府、镇夷守御千户所署，建有镇夷仓、草场、预备仓、演武场及官廨、儒学等，还有寺庙坛祠十余座。

据《边政考》记载，明嘉靖二十六年（1547年），镇夷守御千户所官军原额马步兵1129名，见在留城776名；马原额664匹，见在留城367匹。直到清顺治年间，这里仍设游击1名，千总1名，驻守马步战守兵407名，马195匹，还有护门大将军炮4门，大神炮5门，子母炮12门。

镇夷为什么叫天城呢？有说因城为明代天顺八年（1464年）修筑，故名"天城"。侯继周认为"天城"应该是根据地形命名的，他说旧时城门上有"天城锁钥"的题额，因为站在天城村环顾，东西北三面山峦起伏、峡谷壁立，看上去是一座天然的城廓。明朝诗人岳正有描述"镇夷八景"之一的《紫塞平沙》诗：

天城保障路应埋，漠漠平沙拥不开。
东北千重连瀚海，西南万岭接高台。

天城是一座四方土城，城墙为黄土夯筑，周长四里多。现在天城只残存东、北两边部分土墙和东北的一座角楼。古代修筑城堡的目的不外乎守边、屯军、安民等，到了现代拆除城堡、墙垛的名堂却五花八门。天城的城墙本来很高，古代筑墙的工艺也高超，600来年的风雨烽火没有将城墙摧垮，20世纪70年代"农业学大寨"一阵风却将天城的高大城墙给拆掉了。天城村周边的土地多是沙漠，土壤贫瘠，不易保水，城墙是黄土夯筑的，人们将城墙的土刨下来铺到沙地上，引黑河水灌溉，古老城墙变成了良田。虽然当年筑城者无论如何也想不到会有这样的结果，没有多少现实作用的老城墙还是有了新用处。

天城村东北角是村小学所在，宽敞的校园内并没有多少学生。侯继周告诉我们，这个学校原来有初中，现在只有小学五个年级了。他自豪地说："去年村里一个子弟考上了清华大学，考上其他大学的五六个，现在天城在高台县也是文化水平比较突出的，但比起明、清时已经倒退了。"他说明、清两代，天城设有儒学，考取举人、贡生近130人，对一个远离京师地处西北的偏僻小城来说，这个数字的确是令人惊讶的。

曾在乡政府当了24年聘用农机干部的侯继周是一位诗人，他有一个形象的笔名：墨农。自1978年开始写诗以来，他的《墨农诗稿》已经积累了厚厚几大本，部分诗作还被报刊登载。在《墨农诗稿》扉页，有这样一首诗反映他的作诗经历：

> 晚年习诗业余从，怡情养性惜残生；
> 冬春静思长夜短，秋夏牧羊拙句成。

侯继周写诗的题材最初为当地自然景观，后来史事、村事、乡事、国家大事都成他下笔的对象。

天城数百年间一直作为军事城堡，驻守来自各地的戍边军人，现在居民多是官兵后裔。村里的姓氏颇多，侯继周统计达95姓，他编了一首《天城姓氏歌》：

天城古今姓氏杂，石葛刘于万咎查。

赵高吴蔺荆蒋章，黄金许冯郑贺贾。

阎路朱侯宋秦王，肖何周武曾白马。

蔡杨雷顾盛潘张，李严罗陈伏辽夏。

毛彭徐邓谭袁景，包公寇申段苏文。

樊祁崔吕孙孟姜，牛羊苟杜米田龚。

靳胡邹岳元常管，丁焦傅范雒韩林。

向姚金鞠九五姓，同心建设新天城。

在侯继周家我发现了一本新编的《天城志》，让我惊讶的是，编纂者就是村里的几位老农民。翻阅发现，《天城志》不仅体例完备，完全按照志书体例编纂，而且资料详尽，记述平实，极富乡土特色。侯继周是《天城志》的编纂者之一，他告诉我《天城志》是甘肃省内第一部村一级志书。

说起来编纂志书的起因也比较偶然。20世纪90年代，政府准备在正义峡修建水库，如果水库建成，有600多年历史的天城就会淹没水底。如果生存地被淹没，村里的居民必然要外迁，一村人完全可能分散四处，想到这样的后果，世代居于斯的老人们心头不免酸涩。"这个地方历史上很有名，就这么一下消失了，我们该给后人留点记忆"，侯继周说。

1997年开始，几个老人自发组织起来编写《天城志》，60岁的罗喜是《天城志》的主笔。这位在村里开办诊所的"赤脚医生"，只读了几年小学，为编这部书，他搭进去几年的业余时间：白天去县、乡查找资料，晚上熬夜整理编辑。明清时期，天城的历史就是高台县的历史，老版《高台县志》主要写的就是天城的情况，可以参照；但是民国时期的史料缺乏。罗喜说："好多事情我们这个岁数的人根本不记得了。"于是他挨个访问老人。侯继周告诉我："罗喜的父亲实质上是这个地方的活地图，他提供了好多有用的资料。"罗喜的父亲原来是木匠，一辈子在四乡活动，本人就是一部活的历史。

在大家的帮助之下，罗喜历时4年，终于编写出了22万多字的《天城志》。全志分述、记、传、录，内容涵盖天文、地理、人物、文化、经济等。有意思的是，该志书还收录了一些俚俗民谣，颇有《诗经》遗风，如：

> 说八仙，道八仙，八仙也是庄稼人。
> 那年正是五八年，八仙当上饲养员。
> 揣的筐，咧的嘴，转来转去不事闲。
> 白天转得打瞌睡，晚上还要计工分。
> 群众对他有意见，八仙气得不出言。
> 比别人，真后悔，看自己，真倒霉。
> 还是跟上队长转，吃的都是大锅饭。

《天城志》还收了不少官修史志不录、文人著作不记的"没意义"的"大白话"：

> 且罢且罢，听给你们讲段白话。
> 窗台上开地二亩零八，腊月里种上西瓜；
> 瓜秧长了丈八，西瓜结了斗大。
> 正在腊月初八，来了个不做贼的哑巴；
> 他大喝大叫没啥，偷走了二亩地的西瓜。

我老爷冲冠怒发，赶快想了个妙法：

猪身上借来鞍叉，羊圈里拉出大马，半月后急忙骑驴追他。

说上个谎不算谎，苍蝇踏折了锅盖梁。

蚂蚁拉得车轮响，蚊子生了个大胖胖。

说个谎，道个谎，拉上骆驼笼子里养。

隔墙说了个悄悄话，儿骡子下了个大骗马。

肚儿里大，肚儿里大，一肚子怀得十六个娃。

四个公子八个花，四个和尚出了家。

要闻我的名和姓，西宫娘娘是皇上的妈。

《天城志》修成并且出版，但后来水库没有修建，还有几堵残破城墙的天城村保留下来了，《天城志》成了意外的收获。

中国历代都有民间编纂史志的传统，我们的许多文化记忆正是通过这种民间的努力而保留下来的。修编一部志书，并不比保留一座古城或者修复一段长城容易，二者的意义甚至不可同语。实实在在地修编一部乡土志，抢救记录流散于民间的文化与历史，那些东西是构成我们民族文化的基础，累积起来就是我们的文化的传承、文化的长城。

由此可见，长城国家文化公园，不仅仅是一座反映伟大建筑、反映中华民族凝聚力量的实体公园，更是一座记录沿线人们生活状态、文化传承的历史公园。

山丹县：汉明并行两长城

312国道在山丹县境内基本和长城并行。远远望去，长城就是一条绵延不绝的土墙，登上高地可以发现，在土墙的北侧有一条隐约可见的壕堑与长城并列而行，王延璋说那条壕堑就是汉长城的遗迹。

顺着夏季流水冲刷堆积的漫滩，在山沟里转了好久，终于来到了龙首山下，王延璋告诉我山坡上有汉代的长城遗迹。从公路边走上去，果然发现有一道不高的片石墙顺山坡下来，越过沟谷爬上了对面的山坡，一直向西去了。

由于在山坡上，看不明白古人在此地筑长城的用意，王延璋说上到山顶就可以看明白了。在陡直的山坡上爬了一个多小时，到了山顶眼前豁然开朗，南面的群山之下是河西走廊，北面就是广阔的内蒙古高原，一座烽火台兀立在半岛状的山顶前端，三面都是百尺悬崖。王延璋告诉我，那是一座汉代烽火台，在他的指点下，我发现一条几近湮灭的长城遗迹，顺着山脊蜿蜒向西延伸。再看此处烽燧设在山巅，地势险要，高处可望远观测敌情，与《后汉书·西羌传》所记"汉燧因山为塞"颇合，有一种居高临下主动出击的战略态势。

汉初国力还不够强大,匈奴先是围困韩王信于马邑,迫使韩王信投降;后又围困高祖于白登,汉室可谓丢尽颜面。但是颜面要靠国力、军力说话,在敌强我弱的情况下,汉高祖只好采取和亲政策,以取得一时的安宁。《汉书·匈奴传》记汉文帝于后元二年(公元前162年)致书匈奴老上单于称:"先帝制,长城以北引弓之国受令单于,长城以内冠带之室朕亦制之,使万民耕织,射猎衣食,父子毋离,臣主相安,俱无暴虐。"实际上是提出以长城为界,这里的长城应该是前代所筑的旧长城,这也说明汉初是利用秦长城来防范匈奴南下的。

甘肃山丹县红寺湖山上的汉长城壕堑与公路交汇在一起

甘肃山丹县红寺湖
山上的汉长城烽燧

　　汉武帝时开始大肆征伐匈奴，前后持续了20多年。元朔二年（公元前127年），卫青将汉的防线扩展到了阴山一带；元狩二年（公元前121年），霍去病采取迂回战术，经居延过焉支山千余里，奔袭祁连山北麓的匈奴部落，杀掳8900余人，匈奴留下了有名的"失我焉支山，令我妇女无颜色"的歌谣而败退。汉廷在河西设置了武威郡、酒泉郡。当年秋天，霍去病与公孙敖一起出陇西过居延2000余里，杀掳匈奴33000余人。由此，汉王朝的陇西、北地、上郡得以安宁，《史记·匈奴列传》称："是后，匈奴远遁，而幕（漠）南无王庭。"

为了防止匈奴重新南下，汉朝就在更北的地方修筑新的防线。《汉书·匈奴传》记："汉使光禄勋徐自为出五原塞数百里，远者千里，筑城鄣列亭至卢朐，而使游击将军韩说、长平侯卫伉屯其旁，使强弩都尉路博德筑居延泽上。"以前史家认为，徐自为所筑的就是城鄣列亭，然而近年的考古发现，那竟然是南北并行的两条长城，相距5里到40里不等，都是从今内蒙古自治区首府呼和浩特市北的武川县阴山起，然后由东南向西北，一直延伸到今蒙古国境内，北线长近600千米，南线长达800多千米。这两条长城在蒙古草原上向北推进的距离，既超越了前代，也远于后世。

甘肃山丹县境内，汉长城和明长城并列而行，北侧的汉长城外有壕堑内有高墙，但两千多年的岁月侵蚀得只剩土脊和浅沟，明长城的大墙也日渐矮小

元鼎六年（公元前111年），汉王朝又在河西分置张掖郡、敦煌郡。此时，张骞开拓的通往西域之路已经畅通，为了保障东西交往，汉朝在龙首山、合黎山南麓修筑了一道新的边塞，史称令居塞，也就是我们现在所说的河西长城。《汉书·西域传》记载：

> 汉兴至于孝武，事征四夷，广威德，而张骞始开西域之迹。其后骠骑将军击破匈奴右地，降浑邪、休屠王，遂空其地，始筑令居以西，初置酒泉郡，后稍发徙民充实之，分置武威、张掖、敦煌，列四郡，据两关焉。自贰师将军伐大宛之后，西域震惧，多遣使来贡献。汉使西域者益得职。于是自敦煌西至盐泽，往往起亭，而轮台、渠犁皆有田卒数百人，置使者校尉领护，以给使外国者。

"令居以西"指的是令居县以西，也就是在今甘肃永登县以西修筑了长城，山丹境内汉长城就是这个时期筑就的。从上述记载可以看出，后来长城从敦煌一直往西，修到了现在的罗布泊（盐泽）一带。王延璋指给我们看的壕堑就是令居塞的一部分。山丹境内的汉长城由于多数在滩地上，不可凭借沟壑、河川断壁为险，就平地挖两三米深、七八米宽的沟壕，将所掘之土堆于壕沟两侧形成坡塄，再配套峰燧城障，构成了一个完整的防御工事。两千多年的岁月侵蚀，汉代长城的壕堑几乎湮没，只留下两条土梁和中间不深的沟壕。

但是，在汉长城的南侧，依然有一条高大的夯土墙体与之并行，王延璋告诉我那是明长城。河西走廊的明长城在酒泉以东、武威以西与汉长城的走向基本一致，民勤和永昌县内的200多千米明长城，都是直接将汉代的旧墙体加以修补而成。不知为什么，到了山丹县的滩地上并没有用这一方法，而是在汉长城的南侧10～80米间，用黄土夯筑了50多千米长的土墙。

汉长城在北侧，明长城在其里，两者相距不远，平行延伸，走向、长度大体相同。像山丹这样两条长城并行，而且留存完整，在长城沿线是绝无仅有的。

过山丹县城大约20千米，312国道穿过长城，改行长城南侧，双向六车道的国道，将原本连在一起的大墙切开了一个二三十米的大口子。这里在20世纪80年代以前还是荒无人烟，后来口子两侧不仅有饭店、加油站、修理铺，还有一座长城博物馆，这个地方也有了一个正式的名字——"长城口"。从长城口一直到东边绣花庙一带，是整个河西走廊长城保存最完好且容易观赏到的一段，因此每天从兰州、武威去往嘉峪关、敦煌的旅游大巴，几乎无一例外在此作短暂停留。

住在长城口边的甘肃摄影家陈淮对河西走廊的长城颇有研究。他说，其实长城在关口之外的地段也不是全封闭的，就像现在高速公路上的出入口一样，当时也根据需要在一些地段特意打开口子，以方便长城内外百姓平时的出入与贸易。这些口子附近不一定有官方设立的互市，完全是百姓出于生活需要的贸易行为。比如在长城口东边的新河一直有个贸易市场，附近长城上有个当地人叫岸门壑廊的口子，其实就是有意留下的，口子进来后两边有几十米长的夹道墙，和长城墙体连在一起，这样也便于防守。岸门壑廊这个地名其实形象准确反映了口子的意义和形状。长城北阿拉善右旗有盐湖，这边有麻油、麦、粟、豆，北边的游牧民族拿他们的盐、皮毛等土产过来交换粮食、布帛。在漫长的历史河流里，这种行为应该是经常发生的。

在长城口向东不到3000米的地方，有一个被修复的长城豁口，前面有一座纪念碑，碑文显示这一段长12米的墙体，是由日本人捐资"用原地原土人工夯筑"的，"与古长城风格保持一致"。从修复纪念碑得知，远远看去并不高的土墙，尽管经历了明之后三四百年的风雨，至今仍然保留了6米底宽和6米的高度。同样黄土夯筑的墙体，修筑时间差了数百年，远处看颜色区别并不大，但它们之间的意义却有着天壤之别。

2003年10月，山丹、民乐之间发生地震，山丹境内明长城三处墙体、两处烽燧倒塌，另有数十处墙体出现裂缝或倾斜。山丹县文物管理部门的负责人说："原来农民不知道长城的价值，知道了以后人为破坏的少了。现在地震山洪是长城最大的天敌，防不胜防。"其实由于干旱少雨，大自然对河西走廊长城的侵蚀远比不上人为破坏。

从长城口往东行十多千米，公路北侧宽展的荒滩上突兀出现一座山包，当地人称此山为金山子，山顶有烽火台。登上山顶，东边的硖口古城堡和西边的新河驿城堡都清晰可见，南面焉支山与北面龙首山之间广大的川地间，汉、明两道长城逶迤而行。金山子至硖口关之间，汉长城残存的壕堑在北，明长城完好的墙体在南，并列画了两条巨大的弧线，就像两张绷紧的弓，弓背向着北山，似有一支在弦瞄准的长箭，随时准备发射。

继续向东眺望，长城顺着硤口关的山坡爬上去，变为一条逐渐模糊的线条。由此，我想到美国人威廉·埃德加·盖洛（William Edgar Geil）猜测长城"也许在月球上它是唯一能用肉眼看到的人类工程"。这个猜测后来被演绎为"美国宇航员在太空看到的唯一人工建筑"。然而，1969年乘坐阿波罗11号登月飞船首次踏上月球的美国宇航员巴兹·奥尔德林（Buzz Aldrin）说："我可以告诉所有的中国人，在月球上是看不到万里长城的，那是电视节目上产生的误解，和人们对事实不了解所造成的。长城是狭窄而且不规则的，在轨道上，很难看到不规则的事物，如果是从机场通往城市的宽大直路，那会比不规则的长城更容易被看见。"

月球到地球的平均距离为38.44万千米，而长城一般宽度只有10米，如果从两者比值来看，等于是3840万倍。一根头发的直径约为0.07毫米，它的3840万倍则是2688米，如果要从月球上看到长城，就相当于在2688米外去看一根头发丝！

其实不用如此复杂计算，最简单的例子是坐飞机在万米高空看地面上，比长城宽了许多的高速公路不过细线一条，而在数十万千米外的月球上，肉眼怎么可能看到地球上的建筑？

不过，我们看硤口关山上长城模糊不清倒不是因为距离太远，主要是它的年代太久，荒弃太久，几近湮灭。

硤口关又名石峡堡、硤口堡，位于山丹县城东南

在硤口村人们倚靠长城城墙而居，长城完全融入了他们的生活

40千米老军乡硖口村。硖口关城堡建于石硖口，南北两山对峙，道路曲迁，地势险要，清乾隆《甘肃通志》记载："硖口路仅里许，皆乱石，高低曲折，人马皆艰。"明嘉靖三十一年（1552年），刑部郎中陈棐奉敕巡察河西兵防，途经硖口关隘见此鬼斧神工险峻地势，有车不并驾、马不双辔之势，一夫当关、万夫莫开之险，题书"锁控金川"四字，镌刻于石峡峭壁。

汉代硖口谷被称为泽索谷，张掖郡在这里设日勒都尉，屯兵防守；唐代在这里设和戎城。唐代诗人陈子昂《度硖口山赠乔补阙知之王二无竞》曾经这样描述硖口：

长城内的硖口村在明代是重要的军事城堡

> 硖口大漠南，横绝界中国。
> 丛石何纷纠，赤山复翕艳。
> 远望多众容，逼之无异色。
> 崔崒乍孤断，逶迤屡回直。

硖口古城有文献可考始于明代，清顺治十四年（1657年）杨春茂重刊《甘镇志》记"硖口堡……与山丹卫并志（置）"，由此可知山丹卫置于洪武二十三年

（1390年）九月，也就是说硖口堡亦建于洪武二十三年。永乐十三年（1415年）在石硖山上建军马场，因此当地人又称石硖山为马场山。万历元年（1573年），巡抚都御史廖逢节对硖口堡进行加筑，增设壕堑、崖柞、石梯、垒木、悬楼、敌角台等军事防御设施。万历二年（1574年），完成了硖口东暗门、石硖口至古城洼、石硖口嘴几处的长城修筑，使得硖口军事防守设施更加坚固。

《甘肃通志》载：硖口"城周三里，设兵戍守"。《甘镇志》记载，明时硖口常住戍兵702名，约占山丹卫总兵力的四分之一；当时硖口还设有驿站、递运所。清初这里置硖口营、硖口驿，并在西门外设硖口塘，专司塘务，并且为过往官差行人提供用水。宣统元年（1909年），硖口在驻军之外，有居民79户399人，设都司衙门、官仓、学校、巡警分局等机关。

古城原开东西两门，关城与瓮城相配，城上雉堞、裙墙楼橹毕俱，城下壕池环绕。传说城门洞砖砌辅以生铁灌缝，固若金汤，素称"生铁城"。古城堡经历了300多年风雨侵蚀，一直到民国年间，城墙、城楼及城内的衙府、寺庙、店铺、营房等设施大都完好。村民讲，从前城堡的黄土夯筑墙体外面都是砖包的，后来村民们在修屋院时，陆续从城墙上拆砖拆石，将偌大一座城墙的砖石给拆光了！现在除了一座保存较好的过街楼和西侧小段围墙及砖券的西门残拱外，其他建筑均已毁坏。

过街楼又称财神楼，明万历二年（1574年）初建，民国三年（1914年）重建，楼为砖木结构，分上中下三层，一、三层中间为空井，基础墩台石条包砌，两墩相距4米，中间可通车马。楼内悬挂清末山丹秀才高鼎所书"威震乾坤"四个楷书大字匾额。现在过街楼的雕梁画栋的色彩已经黯淡，显露在外的是木头与泥壁的本色，沧桑古朴，雄踞于古城中央，是古城堡的标志性建筑。

在村里行走，发现年代稍微老一点的院墙、房基、台阶甚至猪圈都是用巨大的砖石块垒砌，古老的城墙砖石的确派上了新的用场。

早晨七点刚过，太阳才冒头，帖国泰就从圈门开在长城上的羊圈里赶出羊群，到北边的荒滩上去放牧。他一个人放了两群羊，一群是自家的，另一群是隔墙邻居家的，他们两家的羊圈门都开在长城上。硖口村的不少居民在城堡西边的长城南侧倚长城而居。他们在长城上向北方打个小门，北侧羊圈倚靠长城高墙，南侧人住的房屋紧挨羊圈。戈壁荒漠吹来的朔风被长城挡在了墙北，羊圈臭烘烘的热气包围着院落，飘逸进房屋，农人们就这样满足地被古长城庇护着，长城就是他们的院墙、他们的家。

硖口村主任杨洪的媳妇到新疆摘棉花去了，杨洪叫来村里的一个妇女给驻村干部做饭，一帮年轻人坐在炕头和72岁的戴学俭猜拳喝酒。杨洪说村里人就这样，没事的时候就喝酒乐呵。戴学俭告诉我们，硖口村里的人大多是以前士兵的后代，村里有38个姓氏，原来有800多人，1996年开始陆续外迁，到我去的2009年全村不到400人。

"雨水少，人无法立足。"杨洪说，本来村里的地特别多，但是后来老天不遂人意，雨水越来越少，大片土地因为没有水而无法耕种。"没有办法，全球气候变暖了嘛。"杨洪将本村的变化与全球联系了起来。由于靠种地无法生存，村里人只好不断外迁，没有迁走的人百分之四十靠养羊为生。

乡政府正在准备开发硖口，搞成一个影视城。"让大导演来拍电影，让外地人来参观。"312国道边上有一块大宣传牌，上面有规划中的硖口古堡修复模样——古堡是砖石墙垛高耸，亭台楼阁俱全。乡政府想通过这块宣传牌吸引游客，招商引资。

杨洪说西城门外的土堆是原来熬硝时留下的渣，民国时期马步芳的军队在此驻扎时，有人给熬过硝。乡政府已经将一个老熬硝房打扫了一下，找来一个熬硝的人，准备给游客展示熬硝工艺。杨洪介绍那个熬硝人："他爷爷手上熬过硝，现在让他熬，不要让这个东西失传了。"熬硝技术失传与否其实无关紧要，硖口村基本没有多少团队进入参观旅游，来的都是些喜欢访古探幽的零散游客，熬硝展示显然是不可能吸引来更多游人的。其实这一招他们自己也不相信，我连续去了几次，一直没有见到熬硝人，更别说熬硝展示了。

站在硖口小学的院子里向东看，一条几近湮灭的土墙蜿蜒向山上延伸。"那就是长城，你看那山上一条线，到了跟前就看不见了，"校长陈多生指着东边山上说，"我们这里的长城跟北京的没法比，北京那才叫长城。"我们问了几个小学生，他们知道村子外面的那条土墙是边墙，但不知道他们的村子曾经是城堡。

硖口小学6个老师教27个一年级到五年级的学生，陈校长笑言："外面来人说我们这是博士、硕士导师。"通过陈校长的介绍得知，当地小学里根本就没有乡土教材，在教学中也不会涉及任何有关本土的历史知识。

乡土历史教育的缺失，让生活在历史遗迹上的人们，根本就不知道地方的历史。长城国家文化公园的建设，可以通过一个个实体存在，在讲述大历史的同时，向人们讲述乡土史，传承特定的地域文化。

永泰城：祝一方岁稔年丰

景泰县城西南20多千米处的寺滩乡永泰村外，阎沛金和他的父亲、叔父们挥舞着连枷，敲打铺在场上的胡麻，不远处就是永泰城村，他的家就在那个城墙依旧的古城里面。

阎沛金是专门从打工的山西柳林县赶回家收秋，他说："连续旱了四年，其实也没有多少可收割的。"阎沛金家这年主要的作物是20多亩籽瓜和几亩胡麻，当地主要的粮食作物糜子和谷子都没有种——因为天旱根本无法下种。

阎沛金和他的父亲在筛胡麻，这些古代戍边将士的后代都落地事农

环顾四野，白茫茫一片戈壁旱滩，几乎没有植物生长的迹象。

大秋作物基本收割完毕，长城沿线的农民在享受着他们一年辛劳后收获的喜悦。但在明朝，每到这个时候，长城南面的农民却开始提心吊胆，长城沿线将士们也都每天枕戈待旦，提高警惕，严阵以待——每到秋季收获之后就要"秋防"，因为北方的游牧民族往往会在此时大举南下大肆掳掠刚刚入仓的粮食。为了阻遏骑马者南侵，明朝长年守卫在长城沿线的军队有百万之众，万里长城使得中国成为世界上第一个拥有常备军的国家。

明代卫所军士皆为世籍，用现代的话说就是职业军人，而且是子承父业。军士并不是住在长城之上，他们大部分驻扎在长城内的城堡里，"三十里一堡，六十里一城"。城堡里的驻军一边操兵演武值勤放哨，一边开荒种田自给自足。戍边军队三分守城、七分屯田耕种；政府发给耕牛、农具、粮种，还要交纳赋税。按照规定，每个军士要耕种50亩或者更多的军田，按份田征收18石粮食，其中12石返还屯耕者，6石上缴。洪武末到永乐初，屯边军人多达120万，拓荒将近9000万亩，每年政府征收的屯粮高达2345万石。因此，朱元璋曾经得意地宣称："国家养兵百万，不费百姓一粒米。"为了稳定军心，将军们带着家眷，士兵也允许结婚，这样一来长城之内便形成了许多官兵和家属居住的城堡。

现在看，永泰城就是一个偏居西北内陆腹地远离中心城市的小村庄，但是在历史上这里的地位可大异于今。西汉元狩二年（公元前121年），霍去病出陇西郡，两次进击河西走廊匈奴部众，即取道今固原、景泰一线北道，这也是西汉时中原通往河西走廊的主要路线。之后赵充国率军来到这里，部署士卒屯田守土，修筑了老虎城。有专家考证，永泰城附近的一个城堡残迹就是当年赵充国建的老虎城。当初修建这座城的目的，是与"古金城（兰州）为掎角之势，以围蕃垣"。

永泰城南为祁连山脉东段的松山主峰老虎山，北边是一大片戈壁滩，当地人称之为永泰川、草窝滩，一马平川之外就是长城。从这里出发，向东过黄河经固原、平凉可直抵长安，向西沿古驿道可抵达武威，向南不远则是西北重镇兰州。作为兰州的北大门，永泰城地处进可攻、退可守的战略要地。

北宋时，这里属于宋和西夏对峙的前沿地带，是西夏进攻兰州的重要通道。元朝时这里成为游牧之地，元亡之后，蒙古鞑靼部逐渐强盛，对明王朝构成了很大威胁。明正德年间（1506－1521年），鞑靼阿赤兔部占据了今景泰县及其西部的大小松山一带，他们不仅劫掠商旅，甚至扬言要夺取兰州黄河浮桥。兰州黄河浮桥是陕西通往甘肃、新疆的津梁，具有十分重要的战略意义，万不可失守。

万历二十六年（1598年）十月，兰州兵备金使张栋会合临洮总兵陈霞，在今景泰县寿鹿山、昌林山一带发动攻击鞑靼宾兔和阿赤兔部之战并获得胜利。战后，他们四处踏勘地形，寻找彻底防范鞑靼良策。他们在景泰永泰营一带看到一些烽火台残迹，寻访得知此为汉代长城遗迹，便沿着长城残迹考察，发现从古浪土门到靖远索桥（旧称永安索桥，今属景泰）渡口有一条简捷的防线，可以完全把鞑靼拒之门外。

万历二十七年（1599年），时任三边总督李汶率部构筑东起永安索桥，经泗水、古浪土门长约200余千米的"新边墙"。同时沿线建造烽燧120余座，并在松山、大靖、土门、裴家营、红水等重要地点修筑城堡，形成了一道直接连接武威与索桥黄河渡口的新防御体系。这样，在河西走廊东部就留下了新旧两条明代边墙。一条是沿庄浪河谷东部溯河北上，越乌鞘岭，取道天祝、古浪，延向武威以至嘉峪关；另一条则起于景泰县东部索桥黄河渡口附近，经景泰县城北、红墩子，折而西行，复经昌林山北麓、古浪县裴家营、大靖北、西景、土门镇，至古浪与武威交界处的圆墩子北部，与前一条汇合。

万历三十五年（1607年），兰州兵备副使邢云路等人奉命负责监修松山诸地新边，同时修筑永泰、镇虏、保定三座关堡。修筑完工后，邢云路作《永泰城铭》，记录了修筑城堡的时间、经过以及城堡的规模："始于三十五年丁未春三月，迄三十六年戊申夏六月落成……周长四百八十四丈、高四丈"，堡建成以后"兰州参将移驻永泰，设马军一千名，步军五百名"，附属设有火药场、草料场、磨坊、马场等机构。永泰、镇虏、保定三堡建成后，将鞑靼拒之永泰以北，使兰州得以安全，也使靖虏卫（今靖远县）减轻了压力。

永泰城在明、清两代真正用于军事的时候并不多，到1644年明朝被推翻，永泰城作为边疆防卫城堡存在只有30多年。到了清代，甘肃已成内地，永泰城只驻扎少量部队，成为一个保障老百姓不受土匪侵扰的城堡了。

主持修筑永泰堡的邢云路是一名天文学家，万历三十六年（1608年），也就是修筑永泰堡的次年，他在兰州立六丈高表（圭表）测量日影，算得这一年立春时刻与皇家钦天监所推算的时刻不同，就写了《戊申立春考证》，提出一回归年长度为365.242190日，这一数字同现代理论计算值只差2.3秒。

现在的永泰城周围是一片大荒漠，南面的山上也光秃秃少见树木，但《永泰城铭》写道："其间崇岗隐天，邓林蔽日。华实之毛，衣食自出……"由此看来，在明代这里山上有森林，川地的植被也应该不错。现在却是大片的戈壁荒山，自然植被稀少，仅有蒿草、火绒草等荒草生长，看上去根本就不适合人类生存。

在路上我们发现一些田地上面铺了一层石子，仔细看石子上面零星散布着拳头大的小西瓜。阎沛金媳妇笑着对我们说："奇怪吧？在石子里种庄稼，我嫁来之前也感觉不可能，来了才知道是真的。"干旱少雨逼着当地人想出了在土地上面铺石子保墒的办法。铺一亩地的石子需要一千多元钱，而种一亩胡麻收籽只有几十斤，每斤胡麻最多只能卖三元多，要收回铺石子的投入得好几年，所以许多人家还是铺不起石子，只好听天由命。但老天和他们过不去，连续四年没有下雨，让庄稼人不知如何是好。

长城沿线干旱少雨不是最近才有的事。有许多人发现明长城与400毫米等降水线基本重合，而400毫米等降水线正好是中国半湿润和半干旱的地区分界线，也是牧区与农区的分界线。农业史学家王毓瑚曾经指出，战国至西汉时期，"长城基本成为塞北游牧民族和塞南农耕田的分界线，长城的基本走向同中国科学院地理所的同志们划定的农作物复种区的北界大致是平行的，而稍稍靠北一些。"有长城专家对此不以为然，他们认为这样说是不懂长城，因为秦汉长城远在明长城之北，这又怎么解释？

国内外的众多学者研究发现，历史上每隔约三四百年就出现冷暖交替变化，这个变化左右着畜牧和农耕交替地带的消长，也是导致游牧民族和农耕民族屡发战争的重要原因之一。年平均温度每下降1℃，北方草原将向南推延二三百里；而年平均温度每上升1℃，农业区便向北推延二三百里，蚕食草原，改牧为农。竺可桢在《中国历史上的气候变迁》中指出，中国历史上的寒冷期（如4世纪、12世纪、17世纪）都是北方游牧民族大规模南下的时期，而温暖期（如秦汉、隋唐）则往往是农耕文明大举北侵的时候——这恰好也与长城南北的变迁相吻合。

我们路上看到的那些小西瓜其实是西瓜的一个变种，叫兰州籽瓜，是一种极具地域特色的农产品，在河西走廊的干旱地区大量种植。阎沛金从场边拿来两个籽瓜砸开让我们品尝："天气太热，吃个籽瓜就当喝水。"籽瓜的形状虽与西瓜类似，但个头比西瓜小，糖分也没有西瓜高，不过吃起来有一种清冽的感觉。籽瓜的籽比西瓜的大，它的籽就是畅销的大板瓜子。阎沛金告诉我们，如果有雨水，籽瓜也能长到四五斤，但是连续几年干旱少雨，当年最大的也就一两斤。

作为当地主要的经济作物，每家每户都要种数十亩籽瓜，阎沛金千里迢迢赶回家收秋主要收的就是籽瓜。他家20多亩地长出来的籽瓜并没有多少，阎沛金说一两天就全收完了。收完籽瓜之后，一年的农活也就干完了，他马上还要赶回山西的煤矿去挖煤赚钱。

从阎沛金一家打场处向南上坡走百十米，就进了永泰城。

进城的地方不是城门，而是城墙西北的一个大豁口。进城以后我们发现一片寂静，只有偶尔的公鸡鸣叫声提醒城里还有人居住。说是城，其实也看不出什么城市的模样，和北方的任何一个村庄没有区别，房子是一色的土色平顶——看来雨水的确稀罕。

在街巷里转悠了半天，发现了一座城隍庙，庙门上有这样一副对联："祝一方岁稔年丰，祈四野云油雨弗"，老百姓对保佑地方的神祇最朴素的诉求表达无遗。对联的横批是"神恩朴实"，好个"神恩朴实"啊！这大概是百姓对城隍这一地方长官最好的评价。

这庙提醒我们，这里的确是一座城！

常希国给我们打开了城隍庙的门，他说原来城里有28座庙，现在只剩城隍庙了。但这个城隍庙也是1994年新修的，墙上的碑记写着："本邑城隍庙明末由察院改成。"

常希国说他是明朝开国大将常遇春的后代，阎沛金的父亲阎立元告诉我，阎家祖先是从山西大柳树过来的，对他的说法我有所怀疑。当过村支书的白复荣对当地的历史有所研究，他告诉我，永泰城这里的人的确都是从大柳树迁来的。他们说的是"大柳树"，不是北方其他地区人们常宣称的祖先来自"大槐树"。大柳树的说法亦见于云南、贵州的明代移民后裔，但是那里的人们一般说其祖籍在南京。有学者考证，明朝南京兵部所在地有大柳树，当年去西南地区的军人，应该是从兵部集结，所以就认大柳树为祖籍地了，这应该和明初北方许多移民在山西洪洞县大槐树集结出发是一样的道理。

白复荣承认常遇春没有到过永泰城，但他强调常的后人到了这里："因为常遇春用过的笏板以前就在村里。"白复荣家的墙上贴了一张他手绘的永泰城白描图。他说原来城里的人都是兵户，大概有七八十个姓氏，清朝时愿走就走，愿留就留，迁移出去了好几千人；20世纪50年代村里还有1300多人、30多个姓氏；2009年村里只有100多户、300多人。

长城沿线古城堡里的居民大都姓氏繁杂，一个村庄有几十个、上百个姓氏是很平常的，因为他们大多是各地来的戍边将士的后代。

白复荣当时担任村里的文物专管员。他介绍，通过实际测量，永泰城城周1710米，墙高12米，墙基厚6米；城周原有宽约6米、深约1～2.5米的护城河。整个城廓外形为一坐北向南大椭圆形；城周原设12座炮台，8处马面，4座瓮城，4个城楼。东、西、北为三座封闭瓮城；南面翁城门较小，名永宁门，又叫小城门，门稍偏西；内城门较大向南开，名永泰门，又叫大城门。远处看东西瓮城和马面形似龟爪，南瓮城形似龟头，城北5座烽火台渐次远去形似龟尾，所以永泰城又被称为"龟城"。

清代名将岳钟琪之父岳升龙，明朝末年曾担任永泰营百夫长，入清后累擢登州、天津总兵、四川提督，所以岳钟琪虽然生在四川，但祖府在永泰城中。近代人所作《永泰城记》载，清雍正二年（1724年），岳钟琪回乡祀祖，看到永泰城大势之后认为，永泰城虽然形似龟，但没有五脏，需要补充，于是就在城内开凿水井。为保障城内居民用水安全，通过地下暗渠，将城外寿鹿山上的几个隐秘水源的水，引至城内五眼水井，组成了

站在山上看，永泰城就是一大龟形，因此被称为龟城

龟城五脏。滋补龟城五脏的水，现在仍在使用。

永泰城在修建之初只有一个南门作为进出的通道，这样修建的目的是在敌人攻打时，守兵可以集中兵力防守一个城门。我们来到南城门，发现青砖券砌的城门洞还算坚固结实。白复荣告诉我，老城门在20世纪70年代被拆除了外面的砖石，2000年当地发生了一次地震，只剩内圈砖拱的城门洞随时可能坍塌，人畜出入很不安全，因此省里给了3万元将城门维修了一下。现在南城门只是村里人下地、放牧进出的通道，到外面往来的人畜车辆走的都是西北方向的那个大豁口。白复荣告诉我们，永泰城的地势是南高北低，原来城里面有一个大涝坝，20世纪60年代农田改造，北城墙外的滩地要用涝坝里的水浇灌，就在西北城墙下开洞引水，后来洞越冲越大，直至城墙坍塌，居民盖房打坯就顺势取用城墙土。最初是人工掏挖，架子车拉，到后来甚至用上了炸药，挖下来的土用拖拉机、汽车拉运，豁口越来越大。在永泰城，这样的豁口共有3处。因为通往外面的公路就在北边，西北豁口逐渐成了进出城的主要通道，南城门反倒少有人走了。

顺着城墙一路走过，我发现墙体下开了许多洞，有羊圈、猪圈、土豆窖、库房，等等。住在城墙边的李成年正在搬家，他打开了一个城墙下开凿的窑洞，进去一看，里面有一盘磨——原来是个磨房。李成年在村里当了40多年会计，他从磨房的一个柜子里翻出一大堆账册，许多账册已经发霉变质，他翻着账册说："没有生产队了，这些老账也没有什么用了。"他也不知道该怎么处理这些东西。

李成年和村里许多人家一样，正忙着将家搬到城北十来里外的"新农村"去。从景泰县城到永泰城有一条顺畅的沥青公路，村里人说县上准备开发旅游，但多数人不愿意等到开发的那一天。他们正在急匆匆地从住了几代的老宅子往"新农村"搬，因为政府给每个人补贴2000元建房款，如果不搬这笔钱就到不了手。此地资源匮乏，所以村里人在搬家时，把能搬的全搬走，能拆的也全拆走了，连一根柴火都不剩。

"实在没有办法，农民他没有远见，看不到将来，"白复荣非常惋惜地说，"那房子比城还要老。我们这里都说先有阎家人，后有永泰城。"永泰城里一座400多年的老房子也被房主拆了，"说那是文物你保留着等以后赚钱，人家说我现在要钱，县上没给钱就拆了。"老房子拆了以后房主才发现，拆下来的那些老木头其实已经没有任何使用价值了。

白复荣陪我们走进一处院落，木柱回廊和精雕细刻的窗户显示房子也有一些历史，他说这是现在城里仅剩的清朝老房子，房主已经搬到了"新农村"，拆不拆还是两可。白复荣说过去这样的房子在城里随处都是，可惜都拆了。拆房最厉害的是20世纪50年代，县城各个单位都来拆，先拆庙宇、衙署等公共建筑，后拆大户人家的宅院，拆走大木到城里去盖了机关的房子。现在县上要开发永泰城的旅游，如果房子全拆了，只剩下一个空空的乌龟城廓，也不知道怎么开发旅游。

　　当外人从保护文化的角度希望保留这些古物的时候，当地人想的却是如何改善自己的生活居住条件。法律上看那也是私有财产，当国家还不能拿出足够的资金来保护这些古物的时候，我们大概只能无奈地看着它们逐渐消失。

　　其实，永泰城不仅老房子拆了，连城墙也岌岌可危。

永泰城南瓮城

永泰小学

　　沿着古城墙内走一圈，我发现不少地方已经崩塌，城东瓮城南边开了一个可以步行的小口子，东南角则开了一个可以行驶车辆的大豁口，城西瓮城则成了一个垃圾场。更有甚者，在西城墙中部居然有一个宽2.5米、高2米、长达17米、可容100多只羊的大洞。据说沿城墙底部一周，还有一条宽1米多、高2米的拱形地道，是20世纪六七十年代"深挖洞"时，永泰城居民"因地制宜"的杰作。不仅内里空虚，由于地面和城墙底部土壤中的水分蒸发，城墙外层的酥碱也很严重，这些问题随时都可能导致墙体坍塌。

　　2014年开始，政府投资了2271万元，运用裂隙注浆、夯筑、土坯砌筑、锚杆锚固等工程措施，对永泰城的不稳定墙体进行了加固，并对表面进行了防风化和冲沟整治。此外，还完成了防洪工程、永泰学校建筑群修缮工程、永泰城址文化和自然遗产保护设施等项目，城内建成了明代一条街。同时古城周边还建成了观赏性农业生态园区，最终达到了恢复古城整体风貌的目的。

横城堡：黄河一曲抱孤城

黄河一曲抱孤城，九月天寒水欲冰。
紫塞风沙时阵阵，黑山霜雪晓层层。
霓裳北散天魔女，霞毯西来宝藏僧。
却忆江南秋半老，橙黄橘绿气和平。

　　明初宁夏庆王府典簿李守中的这首《初到宁夏》，首句就点明了宁夏镇城的地理大势。宁夏回族自治区境内的古长城很多，翻阅资料得知，就在银川市区外30里的黄河东岸，有一座横城古堡，便驱车而去。去之前在地图上看那附近还有一座"西夏影视城"，就设想那里一定游人如云，酒店饭馆齐全，想到第二天要赶早上的飞机，便设想干脆住在影视城，因为那里离银川黄河东岸的机场很近。

　　连续拦了几辆出租车，或不知横城或不知西夏影视城。好不容易拦到一辆愿意去的，司机对二者也是只有模糊的印象。应该说一个有名的旅游目的地，当地出租车司机应该都知道的，出现这种情况也不知何故，我只好充满疑惑往黄河东岸去。

　　下高速沿黄河北上，走了2000多米，看地图上东来的长城就止于黄河边的横城，便估计着该到了。这时司机说："大概就是这里，以前古城里面还住着人家。前几年好像开发了个什么影视城，已经倒闭好久了。"下车一看，一座夯土墙的古城就在眼前，只是看上去新做的城门紧闭，敲了半天门一直没有人应声，往上看城墙头有城楼有墙垛，蛮有气势，城墙外有停车场却没有一辆车，边上一排小房子，一个个门上挂着锁……这是横城吗？为什么没有一个人？看东城墙下有一条向北的路，我们便驱车北行，一路同样不见一人。汽车拐过城墙东北角向西走了一段，发现有个大豁口，下车看豁口上的木栅栏门锁着，里面两条狗冲我们狂吠。狗叫了半天，我们也呼喊了半天，里面看上去住人的房子却始终没有人出来。

察看了一番发现，这城外墙原来都是包砖的，东边和南边的城墙包砖不见，但墙体基本完好，北墙外一大段墙体整体垮塌移位，顺着坍塌形成缝隙，很轻松地爬上了墙头。城墙上不知何人砌了一个可容一人蹲下的砖棚，里面供着一个写着"北极玄武无量祖师之位"的木牌，地下的香火灰烬显示，这里不时有人祭拜。

"河东墙"起点小龙头原来的夯土墙十多年前被人包了砖，真长城变成假长城

站在墙头我判定这里应该就是横城，因为我看到城墙西墙下就是黄河。

仅剩夯土的横城城墙大体保存完好，从城墙上看里面，荒草长得比人高，还有一些粗壮的沙枣树，看上去已经生长了好多年。城西北的一大片树林杂乱荒芜，西面靠黄河一边也开了门，城门两边墙上画了一些怪模样的人头，透过木栅栏门看，十来米外黄河静静地流淌，河依旧，城却变了模样。西门里有一大片榆树林，看上去栽种不久，树林中间有整齐的通道，站在城墙上看，原来那片树林构成的是九曲黄河阵迷宫。

城中间有一座巨大的宫殿型建筑。走近一看，全是假的——外墙、立柱上的油漆全都斑驳脱落，露出了里面的材料——看上去高大宏伟的宫殿原来是用胶合板、玻璃纤维板拼凑起来的；到南城门上，发现城墙进行过修葺，但墙头的楼阁也是用胶合板拼凑的；从南门向西面的城墙本来是连贯的，往前走却发现被人用铁丝拦住了路，上面有个小牌子提示前面随时可能坍塌，不可通行。

整个城里面假模假样的景致，一片破败景象，看上去似乎有人照看，但我始终没有看到人影，古城里的新破景显得十分诡异。

翻墙出了古城，遇到一位放羊的老人，他告诉我，这城就是横城，里面原来住7户人家。后来影视城开始建设后，将7户农户全部迁出去，在里面修了个"昊王殿"。怪不得在北京出版的地图上只见横城而没有西夏影视城，而当地的旅游图上只见西夏影视城而不见横城，原来横城变成了西夏影视城，西夏影视城就是横城！

横城里面的昊王殿，大概说的是西夏时李元昊的宫殿吧。明朝建的城堡里冒出个时间上要早200多年的宫殿，不知就里的人还真想不出，是明朝建城时占了李元昊的宫殿，还是李元昊将宫殿建到了明朝的城里，这的确是考验人想象力的一件怪事。牧羊人说"昊王殿"是20世纪90年代建的，原来进去看还要20元的门票，后来没有人来就关门了。

　　这个建在真古城遗址上的假古董，一荒就是十多年，不过到了2021年，又重新开业，成为一个集主题公园、西夏古城等多功能为一体的度假区。但2022年7月我再去探访时，发现此地又是一片荒芜。

　　说横城是西夏古城的确有点荒唐，嘉靖《宁夏新志》记载横城堡为"正德二年（1507年），总制右都御史杨一清奏筑，周回一里许。置旗军三百名，操守官一员，守堡官一员"。梁份《秦边纪略》记载："横城堡，河东所自始，长城之马头，河套之津口也。自堡而东统九城，亘四百里，直接与此……堡之以北，长城西尽河堰，水涨则土墙皆倾，水落则平地尽出，非

横城里面的昊王殿。明朝古城里出现西夏时李元昊的宫殿，有点不伦不类

驱石筑城，犹无边围也。"可见当时城墙外是有砖石包砌。

这座城堡虽然不大，但由于北靠长城、西滨黄河，扼守水陆要冲，具有十分重要的战略地位。魏焕《巡边总论·宁夏保障》载：嘉靖"十五年（1536年）总制刘天和修复外边防守黄河，东与外边对岸处修筑长堤一道，顺河直抵横城大边墙，以截套虏自东过河以入宁夏之路"。这段在当时被称为长堤的"河东墙"，沿黄河北至内蒙古巴音陶亥，成直角与横城交会，有效地阻遏来自长城之外鄂尔多斯草原上蒙古部落的袭击。

横城西城墙下几个自称从（银川）城里来的人坐在黄河边钓鱼。几个来自宁夏射击队的小伙子比赛往城墙上爬，五六米高的土墙，他们用七八秒就跑上去了——坍塌的城墙上形成一条天然小路；他们说基地就在附近，没事时他们就来黄河边的古城玩。

钓鱼人告诉我们，横城外原来是一古老的黄河大渡口，东来的商旅都是从这里过黄河进入宁夏镇城的。

这个渡口在西夏年间就有，那时叫顺化渡。

顺化渡是西夏的重要交通咽喉，由此往北，直通去辽都的"直道"；往东经过夏（西夏州，今陕西靖边县白城子）绥（今陕西绥德，宋朝在此设绥德军）驿道，直达宋都汴梁。向西30里，便是西夏国都兴庆府。

西夏时有黄沙渡在横城之北黄沙嘴，明宣德年间黄沙渡移至横城堡，因此横城渡又称"黄沙古渡"，是进出宁夏镇城的咽喉要津，渡者蚁集，交通繁忙，所以当时修筑了宁河台以保护渡口。朱元璋第十六子、就藩宁夏的庆靖王朱㮵，曾作《黄沙古渡》诗：

黄沙漠漠浩无垠，古渡年来客问津。

万里边夷朝帝阙，一方冠盖接咸秦。

风生滩渚波光渺，雨打汀洲草色新。

西望河源天际远，浊流滚滚自昆仑。

宁夏地处边防前沿，属明代"九边"之一，而横城又是宁夏镇门户，因此明代翰林王家屏在《中路宁河台记》中指出："横城之津危，则灵州之道梗。灵州之道梗，则内郡之输挽不得方轨而北上，而宁夏急矣！"这说明了横城在军事、交通上的重要性。

清朝康熙皇帝于1688年亲征噶尔丹，派左都御史于成龙在宁夏调运军粮，征集船只103艘。康熙从陆路来宁夏，返京时从横城古渡乘船走水路，也许是看到此地黄河波澜不兴，康熙有感而作《渡黄河》诗：

历尽边山再渡河，沙平岸阔水无波。

汤汤南去劳疏筑，唯此分渠利赖多。

一边感慨此地黄河水阔无波，一边想象黄河制造的水患让下游人们辛劳构筑堤坝，不禁感叹唯有宁夏从黄河引水灌溉得利。

顺着横城西墙外黄河边的公路，我们向北而行，黄河寂静平缓地向北流去，河岸边一簇簇芦苇已经发黄，在微风的吹拂下轻轻摇晃，河边滩地里的庄稼已经收割，几群羊在收过庄稼的地里觅食，又遇到了刚才的那个放羊老人。

老人告诉我们，这地方原来属于灵武县管理，直到20世纪50年代末，横城城池基本保持完好，后来横城墙外的砖石多被拆走，仅南门及南城墙尚存一些砖石，其余城墙仅剩夯土。

20世纪90年代，横城被开发成了影视城，城池被修葺一新，古城遗貌也就荡然无存了。我查了一些资料发现，1995年中央电视台与宁夏电视台联合在此拍摄了《贺兰雪》，后来一些影视公司又在此地拍了几部名不见经传的影视剧，当时好多人来参观游览，热闹一时。2004年，为推进"大银川"发展，当地政府将西夏影视城、明长城、黄沙古渡、大漠黄河整合成完整的黄河旅游资源。原灵武市横城村划归银川市兴庆区管理，但由于带状的旅游资源没有成型，西夏影视城当时也没有任何服务设施，来参观游览的人越来越少，就成了没人管的空城，逐渐破败不堪。

很多人想通过把长城沿线的古城古堡建为影视城而致富，他们的典范是银川市西北的镇北堡影视城。镇北堡是宁夏北长城的堡寨，明弘治十三年（1500年）由巡抚都御史王珣遣指挥使郑玘修筑。作家张贤亮1961年在当地劳动改造时，"发现"这一明代城堡，后来张贤亮不仅把镇北堡写进小说里，还把它作为外景地，推荐给导演张军钊，张在此拍摄了电影《一个和八个》，从此来这里拍摄影视剧的剧组络绎不绝。张艺谋的电影《红高粱》使这座古堡名声大噪，之后这里又拍摄了70多部电影和电视剧。理解并且掌握了这个长城古堡"卖点"的张贤亮，于1993年筹措93万元人民币，开发打造了镇北堡西部影城，不仅使之成为著名的影视拍摄基地，也成为著名的旅游观光景点。古城堡由此焕发了新魅力，成为古长城遗址作为现代新用途最成功的一个。镇北堡的成功，引得人们纷纷想改造荒僻的古城堡、古遗址，把它们开发成影视基地或旅游景点。然而，文化旅游不仅仅是外在的景观，还在于内在的含义，许多古城古迹没有开发成功，这就不得不引发思考如何让古城古遗址更有文化、更会讲故事吸引人。长城国家文化公园的建设，也正是为了让长城更好地讲故事、说历史，以启发未来。但这个讲故事的过程，不应该仅仅是打造旅游景点吸引游客，更多的是要发掘深度内涵，达到潜移默化的效果。一味生搬硬套，未免还会像在明遗址上搞出个西夏王城，贻笑大方事小，颠倒混淆历史贻害青少年才是罪过。

出了横城顺黄河向北走一里许，一堵大墙横在眼前，一头伸向黄河岸边，一头绵绵东去，这当是东来的"河东墙"——长城。

"河东墙"起点小龙头

在这里我遇到了吴学保，问他河边那些土墙是长城吗？他回答说是老边墙，靠黄河这一头叫小龙头，边墙从陕西那边一直到这里就断了。

小龙头就是明成化十年（1474年）巡抚宁夏都御史徐廷章主持修筑的"河东墙"起点。所谓河东，指的是宁夏北流黄河以东。长城从横城堡开始蜿蜒东去至陕西定边，这一段被称为"河东墙"。《秦边纪略》记载："明成化间，巡抚徐廷璋筑长城，起于黄河嘴至花马池止，长三百九十里。凡水草便利处，皆筑之于内，使夷绝牧；沙碛之地，筑之于外，使夷不庐。"黄河嘴就是黄河边的小龙头，向东至花马池，与榆林镇的边墙相连接，使得边墙从东边黄河西岸的清水营，一直到西边黄河东岸的横城堡，将整个河套拦住，形成了一条连续的军事防御体系。

徐廷璋所修筑的边墙年久失修，时常被蒙古骑兵冲破，到墙内抢掠。正德元年（1506年），统管榆林、宁夏、甘肃三镇的最高长官、陕西三边总制杨一清，组织八府各卫丁夫9万人对河东横城至定边营300里边墙进行重修。墙体依然是夯土筑成，只不过把墙体加筑为高厚各二丈，并且在墙外挖了深宽各二丈的沟堑，后因把持朝纲的宦官刘瑾诬陷，杨一清被逮捕下狱，这道边墙仅完成40里就停工了。时任宁夏河西道金事齐之鸾作《登横城北眺杨邃庵所筑边墙》，诗中披露了人们对杨一清所筑边墙的不同看法和意见：

新堭山立界华夷，元老忠谋世莫知。
流俗眩真人异见，宏规罢役岁兴师。
万夫版筑忧公帑，千里生灵借寇资。

试问逩来胡出没，何缘不自横城窥？

后任三边总制王琼在《北虏事迹》中记载："正德十年（1515年）正月二十二日，套虏二万余骑到，于花马池北镇边墩起，至石井儿墩止，拆开墙口一十二处，深入固原等地抢掠而去。本年七月二十二日，套虏二万骑到，于花马池北柳杨墩起至青羊墩止，拆开墙口一十六处，深入平凉临巩，直抵陇州，大掠而去。总制右御史邓章调榆林等处官军分布固原要冲，不能御。"因此，嘉靖十年（1531年），王琼上奏朝廷，宁夏河东长城年久失修，坍塌严重，又因为边墙离军营较远，于作战不利，所以奏请修补边墙，并在墙外挖挑壕堑，称之为"深沟高垒"。此次修边墙，将兴武营以东边墙南移，形成了头道边、二道边。

从山西以西一直到嘉峪关，明代修筑的长城原本就没有砖砌外墙，宁夏黄河以东一带特色就是黄土泥沙打墙，民间素有"沙子打墙墙不倒"之说。黄土夯筑的土墙屹立数百年不倒，作为军事工程的边墙高大厚实，质量要远高于民房墙体，虽然风雨侵蚀、人挖兽刨，但干旱少雨的宁夏、甘肃等地仍保留了大量土筑墙体。

"经常有来看长城的，前一段还有个老汉沿长城走。"吴学保告诉我，他碰见过许多徒步走长城的人，觉得很奇怪，"老人们都说是秦始皇打（修筑）的长城，是什么年代也说不清楚。"关于长城，吴学保的认识仅限于此。有意思的是，他说到秦始皇筑长城时，用了"打"这个动词。在当地，夯土筑墙叫"打

横城修复之后的
南门及瓮城

墙"，砖石筑墙则叫"砌墙"，吴学保无意间说的"秦始皇打的长城"，实际上说出了夯土筑长城的本质。"沙子打墙墙不倒"，说的不仅是筑墙的技术，更是整个西部人民几千年来夯土筑墙的历史。

链接

长城国家文化公园宁夏段建设保护规划

结合宁夏长城资源由南到北依次横向带形分布、纵向文化关联的特征，围绕功能分区，构建"一轴、两镇、三单元、四带、六段、十二区、多点"的空间格局，全面展示长城的文化景观和文化生态价值。

一轴是从固原镇到宁夏镇形成一条贯穿宁夏全域的南北纵向发展轴；两镇指的是固

原镇和宁夏镇；三单元是将长城历史演变、文化内涵等与区域自然和文化要素系统整合，在空间上形成贺兰山、河东、固原三大长城国家文化公园展示单元；四带是落实国家"万里长城"核心形象展示带要求，以宁夏西长城、东长城、固原内边和战国秦长城为载体，在空间上串联起各个单元的长城及相关资源空间分布带；六段是以全国重点文物保护单位为基础，结合沿线交通区位条件、文化需求、保护利用现状等因素，遴选出以主题展示功能为主的水洞沟、战国秦长城段，以文旅融合功能为主的大武口、姚滩段，以传统利用功能为主的盐州古城、下马关段6个"万里长城"形象标识段；十二区指的是贺兰口、姚滩、水洞沟、兴武营、将台堡、战国秦长城6个可以辐射整个组团发展的主要核心区和镇北堡、三关口、横城堡、盐州古城、下马关、甘盐池城址6个可以带动周边地区发展的次要核心区；多点是优先保护建设展示明长城和战国秦长城的多个"万里长城"形象标识形象的重要节点。

花马池：曾得清平似此不

过了银川黄河大桥一路往东走不远，就看到了公路北边的长城。从银川到盐池县，历来就是一条通衢大道，明朝兵部尚书王琼在《北虏事迹》中写道："宁夏镇城至花马池三百余里，运粮者循边墙而行，骡驮车挽，昼夜不绝。"现在的307国道基本与长城平行，由西北向东南斗折蛇行，时远时近，顽强地镶嵌在干涩的黄土白沙间。国道有时紧贴边墙，我发现墙底均匀地栽了水泥柱，拉上了铁丝防护栏，看来当地在保护长城上下了真功夫。

到了一个叫红城子的地方，走进荒芜的城堡，除了破砖烂瓦，方圆近一里的城堡里没有任何建筑，当然也没有人烟。北边不远的一段石砌墙头坐着一位当地人，走到墙底发现，一条乡村公路穿过了长城，被切断的长城两头用石头垒起了保护墙，墙外拦了上下四根铁丝组成的一米多高的护栏——铁丝果然是保护长城的。

坐在墙头的人告诉我，红城子就是历史上的高平堡，他小时候经常在此城堡里玩耍。城西南角原来有个窨子洞，他和小伙伴们往进去走了几十米，看见一个抱着小孩的白骨架子就吓得再不敢往里面走了。听老人说那是个转兵洞，有40多里长。高平堡是明朝嘉靖十年

（1531年）修筑的小堡，万历年间驻兵只有99名。在长城沿线我数次听到转兵洞之类虚虚实实的传说，看来遥远年代的战争故事，在民间的记忆里并不遥远。

从横城黄河岸边一路向东，长城全在平缓的滩地上，那一道土墙非常显眼。到了盐池县兴武营，一条长城又分为两条，南边一条经过盐池县城北门，向东进入陕西定边；另一条在盐池县城北十多里一直向东，到了定边三道海子就终止了。为什么如此呢？

"马跑多快，墙筑多快。"长城脚下放羊的高怀宝告诉我，老人们传说当年修边墙时调了陕甘宁八府9万民夫，监工官史甫骑马在前面跑，民夫跟在后面筑墙。早上从银川东面的黄河边筑起，中午就到了兴武营。史甫在兴武营吃午饭喝酒，民夫问他修墙的方向，他醉醺醺地说只管往东修，民夫就一直向东修了。史甫喝好酒吃完饭出去一看，大事不好，边墙向东直去望不到头，但比原计划规定的路线偏北了许多，这可是要掉脑袋的。于是史甫赶紧快马加鞭追赶，追出一百多里地才赶上，他叫民夫赶回兴武营，重新向南筑墙。民夫干了大半天又累又饿，就将史甫围住准备造反。正好此时陕西三边总督杨一清巡视到了三道海子，问明缘由之后，直接把史甫给斩了，民夫这才回到兴武营，朝着盐池县城方向，又新修了一道边墙，到三道海子的那一道也就没有拆。后来人们就把南边那条边墙叫头道边，北边那条一百多里半截子边墙叫二道边。

兴武营本是汉代朔方郡河南地，旧有城，正统九年（1444年）置兴武营。正德二年（1507年），杨一清奏改兴武营为守御千户所，明武宗批拨国库银10万两，由杨一清负责修筑横城堡至定边营的300里边墙。

杨一清巡边斩杀史甫是传说还是真事，现在已经无法考证，但他写的一首《兴武营诗》倒是收在嘉靖《宁夏新志》里传了下来：

> 簇簇青山隐戍楼，暂时登眺使人愁。
> 西风画角孤城晚，落日晴沙万里秋。
> 甲士解鞍休战马，农儿持券买耕牛。
> 翻思未筑边墙日，曾得清平似此不？

盐池县新修复的长城关楼，西边是延伸向横城黄河边的长城遗迹

盐池县博物馆马汉泽馆长告诉我，盐池属于九边重镇后三边（延绥、宁夏、固原）的三角地带，明代巡抚赵明春在《重修边墙记》里写道："陕西屯四镇强兵以控扼北虏，花马池尤为襟喉。"与其他地方不同，这里地势平坦，没有制高点，长城的防守尤显重要。秋

天农区收获季节，一旦北方草原夏秋发生旱蝗灾害，牧区过冬物品储备不足，就会发生蒙古各部向南侵袭掳掠的战争。明代长城防线的"防秋"，就是防御秋天来自草原的袭扰。

盐池县境内共有四道长城，隋朝有一道，明代有三道，都横卧于盐池北部。

隋朝在其38年的兴衰历程中，为防御北方突厥、西北吐谷浑，先后七次修筑长城。隋长城多数是在秦汉长城的基础上修筑、改造和加固。其中一条是隋文帝开皇五年（585年），由崔仲方督修的灵武朔方长城，《隋书·崔仲方列传》记："令发丁三万，于朔方、灵武筑长城，东至黄河，西拒绥州，南至勃出岭，绵亘七百里。"盐池县境内的隋长城在明长城"头道边"北侧，黄土夯筑，残高1～3米，基宽9米。这条长城大部分被二道边利用，迄今仅保存有柳杨堡乡红沟梁向东至陕西定边县境的一段，长约20千米。

明朝统治276年，一直在修筑长城和经营长城防御体系，因此不仅有头道边、二道边，有大边、二边，还有内边、外边，等等，多条长城并列的情形非常多，仅北京以北从八达岭到张家口就有20道。如果将多道长城的长度累加，明长城的长度远远超过万里这个数字。

《盐池县志》记载，二道边是明成化十年（1474年）由巡抚宁夏都御史徐廷章修筑的"河东墙"，这道长城"自黄河嘴起至花马池止，长三百八十七里"。由于这一带地势平缓，边墙低薄，鞑靼往往由此拥众直入。前文提到，正德初年杨一清总制陕西时，曾经想将定边至横城300里内的墙加高增厚，但只修了40里就没有再修。到了嘉靖年间，二道边成为沙化程度的分界线，边外沙化严重，明王朝已经无力管了。嘉靖十年（1531年），在总制三边兵部尚书王琼一再奏请之下，修筑了头道边。由于沙土筑墙容易坍塌毁坏，头道边是在墙内外各挑壕堑，所以又称"深沟高垒"。新修的边墙很快就发挥了作用，嘉靖十三年（1534年）八月十八日，鞑靼吉囊部10万骑兵从花马池一带突击，被副总兵梁震率兵在边墙上挡住，只好领兵西去；嘉靖十九年（1540年），吉囊2万骑兵入定边营，又受阻于边墙。

马汉泽馆长告诉我，南北朝时兴起的灵盐道，是灵州（今宁夏吴忠境内）至盐州（今陕西定边）的大道，隋唐至西夏，这条道路是灵州向东主要通道，也是输运人马粮草以及驿传的关键道路，因此明时花马池营城有"平固门户，环庆襟喉"之称，战略地位十分重要。但盐池在明朝只有很少边民，没有府县衙署；当时盐池有两大兵营，一是花马池营，一是兴武营。

花马池营为花马池守御千户所驻地，是宁夏镇主要关堡之一，有新旧两座城址。明正统八年（1443年）在长城外花马盐池北（今内蒙古鄂托克前旗北大池北侧）设花马池营作为哨马营，天顺年间改筑营城到今盐池县城，弘治六年（1493年）改置为守御千户所，正德元年（1506年）升为宁夏后卫并筑东长城，花马池成为这道长城的主要城障，不仅驻有宁夏后卫指挥使，还驻有守御千户所。入清以后沿袭明制，雍正三年（1725年）废卫所，宁夏后卫改为灵州花马池分州，民国二年（1913年）改为盐池县。

花马池城原本为土城，嘉靖九年（1530年）王琼因"城离军营远，贼至不可即知"，命宁夏佥事齐之鸾加固花马池卫城。由于这一带是沙漠区，少土缺水，先后驻守官员，都因修不好城堡犯罪丢官。齐之鸾当初任金事时，曾因此事弹劾过王琼，王向朝廷荐他负责花马池加固，以此来刁难。齐之鸾慨然接受，勘好地势，带领军工先行抛沙，深挖丈余得到黏土；同时于百里外山下开凿泉水，用木枧引水到工地。原限5个月完工，只施工3个月，即将城堡筑牢，并让功于王琼，王琼因此而由衷地佩服齐之鸾。

王琼曾作诗《驻兵花马池》：

奋迹并汾五十年，桑榆日暮尚行边。
胡盘河朔千营月，兵拥长城万灶烟。
驼马雨余鸣远塞，牛羊秋夕下高阡。
秦皇汉武开边事，俯仰乾坤一概然。

嘉靖十年（1531年），开始修筑头道边，因此花马池卫城北紧靠头道边。当时齐之鸾还在北门外200米处修建"长城关"，关上建高楼下设暗门，门外设市场，汉蒙每月交易三次。万历八年（1580年），花马池卫城包砖；清乾隆六年（1741年）曾进行过大规模重修；1913年以后，城楼、角楼、城墙逐渐拆毁，只剩一圈土墙遗址。

2006年，我曾在盐池县城看到几处被挤在楼群间的旧城墙，当时东门旧址的城墙间正在修建新城楼。2015年，盐池县全面启动城墙修复工程，到2018年9月环城的城墙修复闭合，一些地段用框架式结构将古城墙框起来，上面覆盖玻璃，形成走在新墙上可以看见脚下旧城墙的景观。

老墙新用当然不是起于现在。离开盐池县城继续东行不久，一排窑洞赫然在目——就在长城的墙体上，上百个黑洞整齐排列，就像上百只眼睛，盯着南面的滩地。"是三五九旅住过的，"当地的司机说，"这里已经属于陕西定边县了，那边就是盐池。"他指向西南方。停车下去，路边有一简易石碑，上书："定边县重点文物保护单位 三五九旅窑洞遗址 定边县人民政府一九八二年四月二日公布。"

陕西、宁夏交界处的明代长城上的窑洞，是当年三五九旅捞盐时居住过的地方

长城一线边墙上、墩台上常见被人开掘窑洞作为栖身之所，但如此众多窑洞密集一处，全国仅此一处。挖掘这些窑洞，是因为附近有盐池，最近的盐池就在长城南边100多米处。

这段长城，明时为盐场堡辖守。盐场堡是榆林镇大边长城线上最西的城堡，《定边县志》载："明成化十三年（1477年）巡抚余子俊建，弘治四年（1491年）巡抚刘忠增修，万历三年（1575年）加高，乾隆三十四年（1769年）重修，周围凡二里三分，楼铺九座，边垣长八里，墩台八座。"盐场堡遗址在大边长城南1500米处，土城早已残破，2006年时城内有盐化厂的几个车间和一个化工厂，还有几户租住的居民。

　　站在窑洞前向西南望，大片盐田在阳光下波光粼粼——那就是有名的盐湖花马池。《定边县志》记载："花马大盐池，在盐场堡北，距县二十里。池周十六里许。每岁春间，开治霸畦，引水灌溉，风起波生，自然凝盐。此为官池。"

　　沿着崎岖不平的道路到了盐湖边，盐湖边堆了许多山一样高的原盐，由于日晒雨淋，许多盐堆外面已

冯学春在盐池里捞盐

经结了一层发黑的硬壳。偌大的盐湖被分成了许多小块晒盐田，盐田里只有冯学春一个人在作业。

冯学春告诉我，1949年以后，盐湖划归陕西定边县管辖，曾经建立国营盐化厂，兴盛时职工达数百人。他从20岁开始就在盐田打盐，彼时已经干了将近30年。20世纪70年代以前盐湖里没有坝子(盐田)，全靠自然晾晒，直接从湖里捞盐，一年只能捞两次。1973年开始，就像种地一样，在盐湖边平整出一畦一畦的盐田，引湖水进去晾晒，一年能捞三四次盐。原来他所在的村八九十户人家全以打盐为生，后来盐价越来越低，就只有四五家还在打盐了。

冯学春说他家原来是农、牧、盐全搞，种庄稼希望多下雨，晒盐却又希望少下雨。雨下多了庄稼收成好，但盐水的浓度低不能结晶，晒不出盐；雨下少了更不行，庄稼不长，盐水的浓度太高，没等流到盐田就结晶了，还是捞不到盐。"一个月下一次足雨就正好。"冯学春笑着说。但是老天爷不会那么遂人意，当地最常遇的就是旱灾，小旱庄稼歉收，盐还可以捞一些，大旱可就是全无收成。还经常出现早霜冻，"去年9月8号荞麦刚开花，玉米也刚出缨缨，一场霜冻几乎颗粒无收。"本来他家还放牧养羊，后来封山禁牧，一声令下，羊全卖了，全家的收入就只有靠盐田了。

国营的盐化厂倒闭了，但是盐湖还属盐化厂，盐民捞的盐必须交给他们。冯学春承包了9个盐池，2005年一家三口辛苦一年捞得1000多吨盐，盐化厂收盐时每100吨扣除25吨折损，再扣过给放水人的每吨5元，冯学春每吨只能获得15元左右的收入。

就在我们和冯学春说话时，盐湖边一个小房子里急匆匆走来一个老头。冯学春说："那是盐场看管盐的，害怕你们来偷盐。"他告诉我们，原来老百姓还偷打私盐，现在国家盐专卖，不加碘的盐卖不出去，也没有人偷打了。实际按照成本算，偷打私盐根本不划算，还不如干别的活。面对盐场边堆积如山的原盐，冯学春说那些盐都是盐化厂收走的，收时每100吨扣25吨折损，其实那盐堆放十年也折损不了那么多。自从海盐进入内地，盐池这样的内陆盐湖的盐业生产就每况愈下，盐池的没落是必然的，冯学春这样的盐民总有一天会完全退出这个行业。

盐，曾是中国历代王朝最重要的赋税来源，作为重要的军用和民用物资，历朝历代都实行"盐铁官营"。盐池自古是产盐的地方。隋朝建置盐川郡，唐、西夏设盐州，明时建花马池，民国二年（1913年）设立盐池县，这些带有咸味的名称，均与我们看到的盐湖有关。

明代花马盐池更受重视，许多诗人赋诗作词以称赞这里的盐池。掌管宁夏庆靖王朱栴府内事务的长史周澄在《盐池》中写道：

凝华兼积润，一望夕阳中。
素影摇银海，寒光炫碧空。
调和偏有味，生产自无穷。
若使移江南，黄金价可同。

花马池名称来历传说很多。民国《盐池县志》载：池中发现花马，是年盐产屯丰，因而得名花马池；又说盐州为唐朝重要养马之地，因牧马监坊养的数万匹官马身上打有戳记，所以叫"花马"，花马池因此而名。盐池与内蒙古比邻，历代官方民间贸易不断，以盐换马当是寻常贸易，以此在众多关于花马池的说法中，用盐换马的换马池之说应该比较确切，后来大概由于音转而成为"花马池"。

20世纪30年代末期，驻扎在延安的红军和陕甘宁边区政府，开展"自力更生、发展生产"的大生产运动，以解决边区财政紧张的问题。1937年8月，中共中央经济部发出"大家到盐池驮盐去"的通知，组织群众到盐池驮盐。据西北财经办事处《抗战以来的陕甘宁边区财政概况》统计，当年的盐税收入占到了陕甘宁边区政府工商税收入的100％，为解决边区财政困难作出了很大贡献，盐池成为边区财政重要的收入来源。

1940年秋天，八路军120师三五九旅四支队千余名官兵，在支队长苏鳌、政委龙炳初的带领下，到盐池县城以东16千米的盐场堡盐池打盐，开展生产自救。由于附近村庄民居稀少，部队官兵较多，住所紧张，需要自己想办法解决住宿。于是四支队的官兵挥动镢头，在靠近盐场堡的明代长城上掏挖了100多孔窑洞。之后，战士们向当地盐民请教打盐技术，平整盐坑，修筑坝畦，开展食盐生产。在近一年的时间里，他们克服极度艰苦的生活和工作困难，辛勤劳作，1941年生产食盐62万驮（每驮合大秤150斤，每斤合24两）。这些食盐不但被运往陕甘宁边区各县，满足了群众的生活需要，还突破封锁线输出到国民党统治地区，换回了边区急需的粮食、布匹、药品、钢铁等紧缺物资，为陕甘宁边区政府贡献了46.3％工商税收。

1943年三五九旅四支队撤离盐池之后，长城上的那些窑洞里陆续住进了一些百姓，那些背北面南的窑洞，冬暖夏凉，比当地平滩地上的土坯茅草房更加实用，因此一直到20世纪80年代初，长城上的窑洞里仍有人居住。80年代之后，长城窑洞里的人烟逐渐消逝，留下黑黢黢的一排空洞，虽然成了县级文物保护单位，但许多窑洞已经坍塌，站在洞口可以望到天，还有一些窑洞直接穿透了长城，站在南边可以望到北边……

明王朝不遗余力地修筑长城，完全出于军事与政治的需要。三五九旅在长城上打窑洞，同样也是出于军事与政治的需要。明长城并没有挡住北方的鞑子，但长城上窑洞庇护下的军队最后取得了江山，长城就这样在不同时代发挥了不同的作用。

陕西、宁夏交界处明代长城上的窑洞，是当年三五九旅捞盐时居住过的地方，现在已经有部分被填土修复

波罗堡：无定河边繁华梦

　　波罗堡古城下的接引寺正在搞修建。雕塑匠李彦刚带领他的两个外甥，在寺庙正门两边的厢房做四大天王塑像。一尊高3.5米的塑像工价是1.2万元，四尊塑像他们已经干了3个月，塑好的泥胎已经风干，部分地方裂开了缝隙，李彦刚用泥修补缝隙，两个外甥在上彩。他告诉我们，他的手艺是跟他姐夫学的，姐夫到另一座庙上去了。

　　这寺的位置真好，背靠波罗堡城外陡峭的石崖，面对广阔的无定河川，河对岸是一望无际的毛乌素沙漠，沙漠之外就是当年匈奴、西夏、蒙古诸部活动的地盘。寺叫接引寺，也称波罗寺，74岁的牛振堂告诉我，当地有一说是因为寺前有无定河，波浪汹涌，可能是音讹为波罗，在当地方言里波罗与波浪发音相差不大。但他认为不太可能，应该与佛教的《般若波罗蜜多心经》有关，"波罗是梵语，意思是渡到彼岸，这跟这个寺庙所处的地理位置也比较切合。"牛振堂这样解释他自己的理解。

　　牛振堂早年毕业于陕北最好的榆林中学，1962年以前曾经当了十年教师。76岁的张雄飞是寺庙的会长之一，他和牛振堂是小学同学，不同的是他后来上了

师范学校，1951年毕业后当了十年乡文书，1962年被精简回家，一直务农到老。他们俩除了和村里其他几个老人一起打理庙里的事务，平时就在一起研究当地的历史，并且编出了一本小册子。

张雄飞告诉我，传说波罗寺最早修建于唐朝贞观二十二年（648年），是长安兴教寺来的智运和尚主持修建的；我看到庙里新立的碑刻还记此寺曾经为西夏的国寺。

寺庙依山崖而建，原有4米多高的摩崖石刻大佛，多年风化侵蚀，近处已经完全看不出模样，但当地人说站在远处佛像依然清晰可见。地上有巨大的雕花石础，可以看出当年佛殿规模巨大。旧基础后面的新佛殿里，神像森然、香火旺盛，从低到高亭台楼阁各种建筑应有尽有，看来耗资不菲。就在寺庙西侧几十米

波罗堡位于无定河岸边的高地上，居高临下扼守无定河川，河对岸是一望无际的毛乌素沙漠，沙漠之外就是当年匈奴、西夏、蒙古诸部活动的地盘

处，还有一座刚修建不久的祖师庙，香火虽然没有寺里旺盛，但从规模看应该耗资不少。陕北人敬鬼神、崇佛道，几乎每个村庄都有大小不一的庙宇。自然条件较差，日子过得焦苦，人们许多时候将希望与安慰寄托于神佛，传统沿袭至今，日月光景稍微好过了，手头稍有宽余，便"仓廪实而敬神佛"。

庙拆了，一座座又都建了起来；古城堡拆了，为了开发旅游又重修或者准备重修。

接引寺上面的波罗堡城也准备重修。

波罗堡原是宋、元时的小营寨，明正统时重修。《横山县志》记："正统十年（1445年）巡抚马恭设置波罗寺寨，属绥德州。成化二年（1466年）迁到波罗堡。万历年间重修，砖砌牌墙垛口。清乾隆三十四年（1769年）知县胡绍祖又进行复修。"《榆林府志》载："城周二里二百七十步，有东、西二门，楼铺十座，系极冲重地。"波罗堡的守军负责守护保宁堡至波罗堡"边垣长三十五里四十七步，墩台三十五座"。

波罗堡建在黄云山山梁之上，周围区域为无定河三级阶地，地势相对开阔，没有较大的山峁，城堡所在的黄云山山梁东临沟壑，西北两面为悬崖沟谷，北侧崖畔下为无定河川，南面为鞍部地形。由于扼守无定河川和长城要地，明代正统以后波罗堡一直有重兵把守，《延绥镇志》记波罗堡驻军为"马兵三百名，步兵二百五十九名，守兵一百名，马三百匹"。清朝延续明制，驻兵数量依旧，设波罗营，延绥中协副总兵移驻于此，管辖绥德、常乐、响水、怀远、保宁、鱼河、清水、归德、威武、清平等10营，乾隆五十九年（1794年）裁撤。到民国时城池保持完好，设镇建制，仍有军队驻守。

史书记载，明朝时蒙古部落多次来攻波罗堡，都没有攻下。如正德四年（1509年），河套蒙古部族首领小王子攻波罗堡，柠家山总兵吴江增援抵御，固守该堡；嘉靖二十九年（1550年）夏，蒙古土默特部俺答汗率十余万骑兵突破宣府镇、蓟镇数道防线，顺潮河南下，一直打到北京城外，制造了围城数日的"庚戌之变"，但三年后（嘉靖三十二年）俺答汗攻波罗堡，却被御史王以期率兵击退；万历三十七年（1609年）冬天，河套部落首领猛克什力及沙计又攻波罗堡，被延绥总兵张承荫击退。

波罗堡城在山梁上，从下面的公路上只能看到西门，由于老路被切断，往山上看尚存的西城门就筑在数十米高的悬崖边，走上去发现门额上嵌有一方石匾，横刻"凤翥"二字，还可辨"三十五年四月"等字，这应该是清乾隆三十四年（1769年）复修波罗堡后刻的。城墙多残存，除西墙、北墙还有部分残余砖石，其余全是裸露的夯土墙芯。站在北城墙上，才发现这城构筑得真够险峻——城墙就筑在接引寺上面的悬崖边上，悬崖本身高四五十米，再加上数米高的城墙，就是使用炮火也易守难攻，更不要说冷兵器时代，这城怎么能攻得下来呢？

波罗堡经明清两代，逐渐由军事堡寨发展为繁华小城。史籍记载，乾隆三十四年（1769年），怀远知县胡绍祖命人重修波罗堡以后，城堡有东（凝紫）门、南（重光）门、大西（凤翥）门、小西（通顺）门。到清末城内有大佛寺、关帝庙、指月庵等大小庙宇40余座，有参将府、守备署等官衙，还有炮台、箭楼、钟楼、寺塔（凌霄塔）、玉皇阁，以及望胡楼、玉帝楼、重关楼、三官楼等，加上一木一石两座牌楼，时称"四楼骑街两牌楼"。张雄飞介绍，民国时城里人口逾万，有字号10家、银匠铺10家、当铺4家，还有学校、瓷窑以及皮作坊、油坊、药铺等，当地有"四大家""八小家""二十四家马马家""七十二家牛牛家"富户的说法。

走进古城，好久没看到人影，却发现许多残破精致的老房子、老窑洞。数处有砖雕、回廊的四合院里蒿草高可没人，门窗破败不堪，唯有月亮门、砖雕影壁精致地透出曾经的富裕繁华。在一个四合院的门口，墙上有一个巨大的"当"字，显然这是当年的当铺。走进院子一看，地上晾晒着玉米和辣椒，应该还有人居住。主人白燕玲招呼我们进窑洞坐，外面看到的三孔窑洞，进里面却是一拱横贯三孔相连的"枕头窑"。这种窑洞的建造工艺比较复杂，而且比较耗费材料，但是窑洞的采光好、面积也大，一般是大户人家才这样修建，很可能当年这里就是当铺的营业室。

白燕玲说这个院子是在她父亲的祖父也就是她的老爷爷手上修建的，原来就是开当铺的，"听老人们说原来这地方热闹着呢，哪像现在破得没有人住"。在山下，牛振堂曾介绍，山上的波罗堡民国时设镇，解放后设区、人民公社；1984年改波罗镇以后，镇政府搬迁到山下公路边，村里现在只剩40多户人家。依照当地风俗，嫁出去的女儿一般很少在娘家住，白燕玲说她本来嫁到百里外的绥德了，丈夫在附近开车贩运煤炭，她娘家人都搬到山下的镇上住了，老窑洞没有人照看，她就搬回来住了。

城西凌霄塔周围已经变为一片农田，一个30多岁的妇女在收割地里的庄稼，问她村里的情况，她说自己不是波罗堡的人，"村里人都搬到山下住了，这地没有人种，我们外地来的人随便种"。村里的搬到镇上了，镇上的搬到县里了，县城的搬到市里了，于是村庄在逐渐荒废，这就是一路不断遇到的景象。

　　远处看一座院落墙头的青砖发黑，窑洞上檐的砖石斑驳，估计有些年头，走进院子觉得眼前一亮，仔细看是窑洞面上贴了白色的瓷砖，有趣的是五孔窑洞中间的三孔贴了瓷砖，而边上两孔依然是老旧斑驳的砖面。"两边是别的老弟兄的，我们光收拾了自己的。"窑洞的主人——88岁的雷同年躺在炕上睡着了，他的老伴告诉我瓷砖是儿子贴的。雷同年民国时曾在杜聿明将军的身边做过事，1949年回家以后一直当教师。退休以后因为是城镇户口，村里不给新批宅基地下不了山，就住在老窑洞里。2005年，儿子为了让两位老人住着舒服，将三孔窑洞外面全部贴上白色瓷砖，拆换了老窑洞的门窗，窑洞里面从上到下用水泥涂抹了一遍，地面铺了瓷砖，并且安装了暖气，从里到外焕然一新。"冬天水汽结在窑顶往下滴"，老太太小心翼翼地在光滑的瓷砖地上走动，她说没有想到窑洞里面用水泥之后，冬天变得比原来阴冷了。窑洞里原本涂抹泥胎白石灰面，这样的乡土材料透气、透水性能都很好，窑洞里冬暖夏凉，没想到用了新材料以后，古朴的老窑洞从外观到居住性能完全变了样。

　　县里乡上都说要在波罗堡开发建设影视城，并且有了规划："近期重点开发建设波罗堡，完善旧街景区；中期开发周边景观旅游，如无定河游、沙漠游等，

■———————～～～

陕西横山县波罗寺
正在新塑神像，重
新彩绘

～～～—————■

形成全方位的旅游框架；最终建成功能齐全、知名度
较高的国家影视旅游风景区。预计年收入1215万元，
项目投资回收期5年。""已有美国奥斯多斯投资集团、
西安电视台电视剧艺术中心、榆林市龙洋机电集团等
看好这个建设项目……"但是风吹了好几年，一直看
不见草动。

"我说他们羞先人呢。"雷惠民对古城要搞影视城
不以为然，"那会儿说拆就拆了，现在又说修影视城，
七八年了就箍了个城门洞洞，也不知道马年驴月才弄
成个事情。"在他的指引下，我们到了西城墙边，果然
有一座新修的小门洞，高大的城墙外还有部分大砖大
石没有拆除，看上去依然坚固。

古城内除了部分老人居住外，老建筑大多数年久
失修残破不堪。雷惠民和一帮老头到省市跑了几趟，
要了一笔钱，给每家每户接了自来水。虽然年轻人大

多数搬到山下公路边居住，老人们还是愿意住在几百年的窑洞里，他们通过自己的努力保护祖先留下的财产，改善自己的生活。

城堡内有许多三四百年的老建筑，经常有外地游客来参观游览，雷惠民为此写了15个景点的解说词。村里有一座"重修凌霄殿碑"，有意思的是碑记的落款时间为"中华共和五十七年岁次乙酉"，第一次面对如此的纪年方式，站在碑前我一时有点发蒙，仔细一想，不由得为撰碑文者的固执或者良苦用心发笑。后来打听，碑文是一位叫陈伯瑞的老先生写的，和牛振堂、张雄飞、雷惠民们一样，是村里的老文化人，这些老先生们在用各自的方式，挽留或者保留古城的记忆。建设长城国家文化公园，就是在挽留和保护历史遗迹，同时也是挽留和保护民族的、国家的历史文化记忆。

后来我在山下见到了陈伯瑞，他说当年堡内一年中最红火的是正月十五，闹秧歌办灯展，热闹非凡。当年波罗的灯笼比榆林城里的还要多，榆林只有3架排灯，波罗有28架，各家商铺门前挂的各式小灯更是不计其数。他还告诉我，波罗堡1946年驻扎的是国民党胡景铎将军的部队。1946年10月13日，胡景铎率国民党军第22军第86师、新编第11旅及保安第9团部分官兵2000余人，在时任中共中央西北局书记习仲勋的策反之下，由王世泰、张仲良指挥的八路军配合，分别从石湾、高镇、波罗堡、海流兔庙发动了威震西北、影响全国的"波罗起义"（又称"横山起义"），所以波罗堡在1946年10月就解放了。

榆林卫：千里连墩绝塞天

榆林四望黄沙际，千里连墩绝塞天。
夹道陈兵横套口，长城环堑绕延川。

榆林古城
（赵鹏飞 / 摄）

清朝方还《旧边诗九首·榆林》的前四句，不仅准确描述榆林城周围"四望黄沙"的自然景观，而且概括了榆林镇长城的基本状况。

榆林古城地势东高西低，东半城沿着山坡修建，比山下的城区高了数十米，站在东城墙上可以俯瞰全城。顺着东城墙根上了东南城墙角上，两层角楼基本保存完好，但门窗已经全无。这座角楼是由四个方向开口的四孔窑洞砌在一起而成，结构奇特，用砖石将四个拱形完美结合在一起，坚固而美观。拆了门窗的窑洞里面视线极好，站在中央四顾，城里城外景观尽收眼底，古人匠心可见！

榆林城建在沙漠中间，东西北三面出城就是沙漠，所以榆林人称东城墙外为东沙，西城榆溪河外为西沙。不过，现在站在城墙上根本看不到沙，一方面离城近的地方沙漠全被楼房压住了——榆林人真厉害，硬是在沙子上盖了许多高楼大厦；另一方面，稍微远处的沙地，不是改良成了农田，就是种上了树。

榆林是国家"三北"防护林体系的重要地区，几十年防沙治沙成绩卓著。站在角楼顶上四望，榆林城外一条一条的树林带，像一条条绿色的城墙，匍匐在黄沙之间，这便是令榆林人骄傲的"绿色长城"。榆林地区出了好多治沙模范，比如20世纪70年代曾经很有名的"女子治沙连"，20世纪80年代的治沙英雄石光荣、牛玉琴等，那绿色长城就是几十年间几代人与沙漠争斗的结果。

秦汉时，帝国的北边一直是凭借阴山和黄河天险，修筑长城、构筑防御线。从秦始皇开始，长城最主要的任务就是阻挡北方骑马的胡人，秦汉在利用长城防守的同时，还不时有进攻的行动，因此长城基本能够达到防御的目的。

朱元璋建立明朝以后，元朝的残余虽然退到了塞北，但其军事实力仍然很强。朱元璋派15万大军三路进击漠北，结果除西路军打通了河西走廊，中路和北路都失败，于是修筑了从燕山到军都山的关塞隘口。

明成祖朱棣设置了辽东、宣府、大同、延绥四镇，以后又设宁夏、甘肃、蓟州及山西、固原五镇，形成长城沿线九大防区的九边重镇，部署了百万大军。明成祖不仅迁都北京，开创皇帝镇边的历史，还五次亲征漠北，但没有从根本上解决北边的问题。

当时明帝国在鄂尔多斯草原、河套平原的防线基本沿黄河而设，离北部河套有相当距离的延绥镇，还不是边防要地。《明英宗实录》载正统元年（1436年）"太师英国公张辅等上边备议，谓甘肃、延绥、大同、宣府各边俱有镇守、总兵等官"，说明那时明廷开始将延绥与其他军镇视为同一防御体系。

明成祖死后，明王朝再也没有能力对蒙古各部进行大规模的远征，而且还先后放弃了大宁卫、东胜卫，防御线远离阴山、黄河天险，南移数百里至山西大同、陕西榆林一带。而这些地区基本无险可依，只好修长城、建城堡，以阻遏剽悍勇猛的蒙古骑兵南下。

早先的榆林仅仅是沙漠边缘的小村榆林庄。

《榆林市志》载，明洪武九年（1376年），绥德卫千户刘宠率军在今榆林城内普惠泉一带的榆林庄屯牧，永乐元年（1403年）在此建置了榆林寨；正统二年（1437年），鞑靼阿罗出等部进犯河套，延绥镇都督王祯在榆林寨基础上修建了榆林堡并筑城墙。《榆林府志》记载："守将都督王祯始请榆林堡往北三十里之外，沙漠平地则筑瞭望墩台，虏窥境即举烟示警。往南三十

里之外，则埋军民种田界石，多于硬土山沟立焉。界石外开创榆林一带营堡，累增至二十四所，岁调延安、绥德、庆阳三卫官军分戍。"

正统末年，明帝国失去了东胜后，北部防线渐废，于是开始了榆林边备的经营。榆林第一次大规模修筑长城是成化七年（1471年）以后，《皇明九边考》记载："至成化七年，虏遂入套抢掠，然犹不敢驻牧。八年，榆林修筑东、西、中三路墙堑，宁夏修筑河东边墙，遂弃河守墙。"

修起边墙，榆林一带就成为边防要地，当时负责经营这里边防的是延绥镇。延绥镇的治所设在绥德，

明代榆林这堵墙边是黄沙堆积。经过几十年的治理，榆林长城内外已经形成一道道绿色长城（惠怀杰／摄）

离榆林长城边塞有200多里地，一旦发生军情，调动队伍应援很不方便。成化七年（1471年）闰九月，延绥镇巡抚都御史王锐增立榆林卫，治所设于榆林城。成化八年（1472年）三月，余子俊任延绥镇巡抚，次年余子俊将延绥镇治由绥德移驻榆林，延绥镇改称"榆林镇"。由于军镇治所向北推进了将近200多里，榆林的地位就显得尤为重要。因此，榆林堡扩建为榆林城，从此成为边防重地。

榆林第二次大规模修筑长城是在嘉靖年间。由于蒙古骑兵不断进犯，王琼于嘉靖十年（1531年）闰六月上奏称，榆林镇大边东路656里、中路310里，二边东路657里中路、248里需要修补。嘉靖帝准奏，拨银10万两，对榆林镇管辖东起黄甫川堡、西至花马池的大边和东起黄河西岸、西至宁边营的二边，进行了修补，"使崖堑深险，墙垣高厚"。嘉靖四十三年（1564年）、隆庆三年（1569年）榆林镇的长城都有所修筑，之后万历年间又进行了大规模的修筑。

榆林城成为长城九边重镇之一，由堡城变为镇城，范围也就逐渐大了起来。成化八年（1472年），巡抚余子俊置榆林卫所，设榆林卫指挥使司，在城北增筑城垣。之后因为城池局促，榆林卫城又进行过三次大规模的扩建：成化二十二年（1486年），巡抚黄黻将城廓向北扩展；弘治五年（1492年），巡抚熊绣将城廓向南展筑；正德十年（1515年），总制邓璋修建了南关外城。"三拓榆城"之后，榆林卫城的周长达13里314步。

作为长城国家文化公园陕西段最重要的部分，榆林卫城的城墙经过多年修复，原本外墙已经快坍塌的南门到东南城墙角楼段，已经修复一新；西城墙已经全部修复，基本完整贯通；总长2000多米的东城墙在2022年年初仍在修复，不久也将完成。一直保存完整的南门及瓮城早已整修一新。城内明清一条街上从南到北的文昌阁、万佛楼、新明楼、凯歌楼、鼓楼、钟楼"六楼骑街"的景观也已经恢复；街两旁修整过的房子灰墙黑瓦，似乎恢复了明清景象。

在明清一条街边的一个小巷口，五六个老人围坐在一棵树下，中间的石台上放了一小袋食物，几个人手中传递着一瓶白酒，到谁手，就用瓶盖倒一点抿一下。有两人在划拳，输了的一方吟唱起了榆林小曲：

妹子颇厌烦，斜倚靠在玉栏杆。

春景天景物新鲜，金镯响玉腕。

香风飘起在云端。

　　一个大男人拿着嗓子，发出女子一般的声音，虽有些怪异但煞是好听。和陕北大多数地方流行信天游不同，榆林城里老户中间流行唱"榆林小曲"，这种小曲没有陕北民歌的高亢豪放，而是充满江南细腻委婉的浅吟低唱。这是因为榆林城许多老户是兵户后代，祖先从南方来时也带来了家乡的曲调，经过数百年的演化，就成了现在独具特色的榆林小曲。

　　榆林城北5000米处的高台镇北台，是万历三十五年（1607年）榆林巡抚涂宗濬"念红山边市去镇城十里许，当贡市期，万骑辐辏，脱有意外，悔无及已，于是题请因筑为台"——为保护红山马市而修建的一个观察台。

　　镇北台是明长城上与山海关、嘉峪关并列的三大奇观之一，有"万里长城第一台"之称，是一座4层28.5米高的塔状高台，内夯黄土，外砌砖石。台四面围墙垣，墙内屋宇环列，为守台戍卒营房。东墙南侧设置城门，南墙与长城相连。沿围墙内东南侧马道登临台顶，极目远眺，方圆数十里尽收眼底；南面的榆林城云烟氤氲，北面的毛乌素沙漠绿树和灌丛掩映，东西向的土长城逶迤远去，时断时续。

　　镇北台西原有建于嘉靖四十三年（1564年）的易马城，因建在红山之上又称红山市，当地人则称为买卖城。这个通俗的名字，准确地反映了这座小土城的性质，这也是嘉靖时明与鞑靼俺答汗议和后，共同商议在边境开放的11处互市之一，是汉蒙之间定期做买卖的地方。紧靠镇北台的东北侧，还有万历三十五年（1607年）巡抚涂宗濬建的款贡城。与易马城不同，这座小城池是蒙汉官方贡献、赠送礼物、洽谈贸易的地方。

曾经一个时期，为了强调沙漠化的严重，一些人写文章说榆林城因为沙漠逼城，曾经三次向南迁移，这大概是将"三拓榆城"讹传为"三迁榆城"了。其实榆林城从来没有因为沙漠化而迁移过，只是清同治二年（1863年）因流沙积压，将北城墙向南回缩了一段。

榆林一带的长城在明朝因受到风沙侵袭而多次进行修整。《明史》记载万历三十八年（1610年）"巡抚涂宗濬修边去积沙"，并上《修复边垣扒除积沙疏》，其中提到："东自常乐堡起，西至清平堡止，俱系平墙大沙，间有高过墙五七尺者，甚有一丈者……榆林等堡芹河等处大沙北墙高一丈，埋没墩院者长二万三十八丈三尺；向水等堡防明等处比墙高七八丈，壅于墩院者长八千四百六十八丈七尺；榆林威武等堡樱桃梁等处比墙高五六尺及与墙平，厚阔不等"，"中路边墙三百余里，自隆庆末年创筑，楼橹相望，雉堞相连，屹然为一路险阻。万历二年以来，风雍沙积，日甚一日，高者至于埋没墩台，卑者亦如大堤长坂，一望黄沙，漫衍无际，筹边者屡议扒除、以工费浩大，竟尔中止。"由此可见，当时长城被风沙壅积的现象十分严重，涂宗濬的另一道《议筑紧要台城疏》中提到："沿边城堡，风沙日积……历年沙壅或深至二三丈者有之，三四丈者有之。"而榆林城在此前的几年就受到了风沙的影响，《明史》载万历二十九年（1601年）"（巡抚孙维城）见城外积沙及城，命余丁除之"。

　　学者们考证，榆林城所在鄂尔多斯高原南部的毛乌素沙地，秦汉时代曾"水草丰美""群羊塞道""仓稼殷积"。之所以后来变成了沙漠，很大程度上是因为唐中期以后的战火焚烧林木、战马践踏草地，招致风蚀作用强化，流沙壅起。到了明朝，长城筑起，关外为游牧之地，当时的人口有限，应该说大自然的恢复能力是很强的，虽然不至于完全恢复到"水草丰美"，但大地被草木覆盖应该是可以达到的，事实也真有了草木，甚至生长得很旺盛。成化六年（1470年），时任陕西巡抚马文升上奏道："河套之中，地方千里，草木茂盛，禽兽繁多。"说明当时该地区的自然植被相当好。

　　由于榆林一带除了一道边墙，没有任何险阻可以凭借，成化、万历年间，蒙古诸部屡屡由此进犯劫掠，实在防不胜防。为阻遏蒙古部落南下入犯，守边的将领实施"烧荒"之法。

　　烧荒的目的是不让战备物质为敌方所用，顾炎武《日知录》"烧荒"条考证，烧荒在战国时代的秦国就有。明朝在永乐年间，就已经有烧荒之制，《明太宗实录》记载永乐五年（1407年）十二月癸巳日，敕镇守大同江阴侯吴高："尔奏沿边草盛，欲焚之，最当。第虑旁近未知，或生疑怪，且巡徼军马，仓卒难避，屯堡房舍，将有所损，须预报之使备。"《明宣宗实录》宣德四年（1429年）九月记载："先是，每于冬初，命将率兵出塞烧草，名烧荒，盖防虏南向且耀兵也。"可见，宣德时期，已经形成了在初冬之时，到长城以外烧草的惯例，以防止蒙古南下，并借此宣示军威以威慢。正统以后，烧荒区域从大同、宣府，不断向东西扩展，东到蓟辽，西到陕西、甘肃。正统元年（1435年）八月，明英宗答应了延安都指挥王永前往河曲烧荒搜贼之请。当时朝廷内部对烧荒之法常有异议，所以施行并不普遍。

成化时期，鞑靼蒙古崛起，占据河套地区，不断南下侵扰延绥、大同等地。北边问题愈来愈严重，虽然修了长城却不能保家国安靖，朝廷为此颇费周章。正统七年（1442年），锦衣卫指挥佥事王瑛又提烧荒之议：

> 御虏莫善于烧荒，盖虏之所恃者，马；马之所恃者，草。近年烧荒远者不过百里，近者五六十里，虏马来侵半日可至，乞敕边将遇秋深，率兵约日，同出数百里外纵火焚烧，使虏马无水草可恃，如此则在我虽有一时之劳，而一冬坐卧可安矣！

王瑛的主意一出来，马上就有人赞同，翰林院编修程王呈甚至设计出了具体办法："请每年九月，尽敕坐营将官巡边，分为三路：一出宣府，抵赤城独石；一出大同，抵万全；一出山海，抵辽东；各出塞三五百里烧荒哨。"他们的意图就是在长城之外，用火烧出一条三五百里宽的荒漠，以作安全屏障！这个办法不仅得到了皇帝的赞同，而且付诸实施了。

崇祯年间曾任兵部右侍郎的范志完，在其《出大古路烧荒》一诗中，生动描述了烧荒的景象：

九月莎枯鸿雁鸣，将军跃马出长城。

旌旗光闪风云变，钲鼓声摧鸟雀惊。

烟雾横峦驱虎豹，火光烛海吼鼍鲸。

赭山不数秦皇事，焚泽应推伯益名。

成化六年（1470 年）四月，陕西官员"会同陕西镇守巡抚官计议烧荒不尽"。王琼《北虏事迹》记嘉靖八年（1529 年）十月，"奉敕本边官军出境烧荒。琼恐所在主兵寡少，深入失利，行令调到延绥、固原兵马防护出境。东自定边营起，西至横城堡止，东西三百余里，俱于十月初九日一齐出境。不但焚烧野草，因以大振军威"。

从定边到横城堡 300 里之间同时进行烧荒，规模何等宏大啊。实际上，今天沿这一线行走，路两边一望无际，基本没有连片的灌丛荒草，当年的植被应该相当茂密才可放火。

其实在长城沿线人们不仅烧荒，还毁林。明朝前期，山西、河北北部长城沿线的森林还相当茂密，"虎豹穴藏，人鲜径行，骑不能入"；树木"大者合抱于霄，小者密比如栉，实为第二樊篱"——是一条可比长城的备边防线。但到了明中期，由于人口剧增和京城大兴土木，这些森林遭到了滥伐，砍伐的队伍"百家成群，千夫为邻，逐之不可，禁之不从"，"林区被延烧者一望成灰，砍伐者数里如扫"，燕山、军都、五台、太行都成了一片秃岭，可以通行的山口从四五个急增到一百多个。原本 50 多千米宽的绿色长城就那样垦伐焚烧殆尽，最后只好用砖石长城来弥补，长城的毁与建就这么荒谬。

为了供应戍边军士的边粮，减少内地转输的困难，明初朱元璋命"天下卫所军卒，自今以十之七屯种，十之三守城"，让守边军士屯田自给；《明史·余子俊传》记载成化年间"墙内之地悉分屯垦"。可是到了弘治年间，由于商屯废弛，很多土地被抛荒。榆林城外已是"积沙及城，回望黄沙，弥漫无际，百里之内，皆一片沙漠，寸草不生，不产五谷，猝遇大风，即有一二可耕之地，曾不终期，尽为沙迹，疆界茫然"。

杨家城：曾见兵锋逾白草

　　从陕西靖边往东明长城沿线，现在是中国最大的能源带。靖边的天然气、石油，横山、榆林、神木、府谷、保德、河曲、偏关、右玉、左云、大同都煤藏丰富，以煤炭开采为主要经济支柱。

　　神木市的地下到处都是煤，到处在建发电厂、化工厂，随便走进一个山沟都可能遇到煤矿。在一个叫黑石岩的村边，我遇到一位挑着一担煤块的老头，他说煤是路边捡的，沟里面有个煤矿，拉煤车抛撒下来的煤块除了他这样没钱的老人捡，别人不会要。

　　从黑石岩的村名看，这里开采煤的历史应该有些年头。往沟里面走了不到1000米我们就到了一个叫新圪崂的煤矿坑口。正是上午吃饭时间，矿工们在手中雪白的大馒头映衬之下，个个满脸漆黑，嘴唇格外鲜艳红亮。和其他地方小煤矿防记者赶记者不同，这个乡办煤矿的矿长郭卡荣很大方地让我们随意采访，只是笑着叮咛："不要把工人全拍上。"他告诉我们矿上核定年产五六万吨，工人是50多人。实际数字应该是这两个数字的几倍，因为我们看到院子里吃饭的人远多于这个数，而井下还有工人在作业。

　　"我们这里的煤层里没有瓦斯，很安全。"毕业于煤炭学校采煤专业的郭卡荣告诉我们，"这个沟里的煤矿清朝时、大概一八九几年就开了，旧时工人冬天进了矿底，在里面盘个炕，一冬天不出来，现在坑道里还有遗迹。"新圪崂煤矿的坑口高大，往出拉煤的不是人力车，也不是电机矿车，而是嘟嘟作响的拖拉机。

"按跑的次数算，一个月刨去油钱乱七八糟花费落个两三千。"开拖拉机的刘师傅告诉我，拖拉机是自己的，到井下自己装煤，拉出来卸到煤场就赚钱了，"主要是买拖拉机的本钱大。"一个井下采掘工插嘴说，没有本钱的人就只好在井下当采掘工，那个工种最辛苦，打炮眼，装炸药往下炸。"冒顶的事几乎没有，这里的煤层厚，掘进时上面留一米下面留一米，只采中间的那几米。"工人们说出事故的多数是不小心造成的一般磕碰。

上下两米厚的煤层不采，听工人们这么一说，我才觉得自己可笑。因为我看到抛撒在路边无人捡拾的煤块觉得太浪费，现在看来，那简直不值一提。后来发现，当地几乎所有的小煤矿都是采用这样的方式开采，上面留一层可以防止冒顶，下面留一层平整的煤层便于往外运煤，用这样的方式采煤，回采率不及40％，而这种开采以后根本再无法进行大机械化开采，大量的资源就这样被浪费了。当然这些都是2006年以前的事，现在当地所有的小煤矿都已经关闭，所有的煤矿都采用现代化采煤机进行开采了。

在新圪崂煤矿周围的山上，有好几个长城墩台，郭卡荣说煤矿上面有个村子叫半截墩村，这一带没有城墙，只有墩台。他还说，民间在集资重修杨家城。到了神木市区，市政府的工作人员也说，有个老板准备投资开发杨家城。

杨家城是个什么样的城，让人们如此上心？于是我们沿着窟野河向北而去。河东的山上不时可见山顶上有石头垒砌的墩台，显然这是明长城的遗迹，但一直没有看到墙体，沿河行15千米，上山就是杨家城了。

正统末年明朝放弃河套以北阴山、黄河防线之后，鞑靼骑兵屡次长驱直入，河套地区不时陷入危机。当时，朝内大臣主张派遣大军征讨，但连年出征并没有多少效果；守边的边将知道明军出征鞑靼游骑不占优势，就主张修筑长城阻挡。成化六年（1470年）延绥巡抚王锐奏请沿边筑墙，被朝廷否决。成化八年（1472年）余子俊任延绥镇巡抚，当年秋天他上奏称，如果继续按照朝廷的方针出兵河套去征讨，需动用407万人，花费825万两，所以还是请朝廷批准"筑墙建堡"。于是宪宗皇帝派人到榆林调查，发现不仅边军战斗力低，后勤保障的确也成问题，便同意了修筑边墙。

成化九年（1473年）三月到六月，征发5万民众，"依山凿削，令壁立如城"，就是在山区地带把山坡铲削成直立的断崖，形成天然屏障，这种做法实际是长城"因险制塞"常用的铲山墙，或叫斩山墙。因为大多是借助山势，以山险为墙或堑山为障，所以现存遗迹比较少。这条边墙后来被称作"铲削二边"。

成化十年（1474年），余子俊在秦昭王长城的基础上，经过补修加固，又建造了一条"延绥大边"。《延绥镇志》记载："延绥大边，起黄甫川，经清水营、镇羌堡，二百四十五里而至神木，又经柏林、双山，二百三十五里而至榆林镇，又经响水等堡，四百十里

至靖边营，又经宁寨等营，百六十里至新安边营，又经新兴、三山等堡，二百里至饶阳水堡，又九十里至宁夏定边营。以上延绥大边，一千三百里，与固原内边形势相接。"

"大边""二边"两道长城的走向基本一致，大致平行，相距数千米到40千米不等。不同的是，"大边"基本是沿着毛乌素沙漠南缘，在地势较为平坦的黄土坡地带用夯土修筑墙体，现在多数墙体经风沙侵蚀毁损严重，部分地段已经被沙掩埋；"二边"是在山区地带削山为墙或就地取材修建山墙，现在大多数地段已经没有墙体遗存。

《唐书·地理志》记："开元十二年（724年），分胜州连谷、银城二县，置麟州"，杨家城就是唐麟州治所，秦长城、魏长城都从附近经过，"二边"直接利用了杨家城的东城墙。

杨家城的城墙曾经作为明长城的一部分利用

麟州城旧址筑在山上，西临悬崖，下为窟野河，北界草地沟河，东南皆山陵沟壑，地形险要，易守难攻。古人称麟州城"西屏榆阳，东拒河朔，南卫关中，北控河套"，唐宋时是西北边防大镇。唐朝时吐蕃曾经出兵围攻此城；北宋麟州处于契丹、西夏、北宋三大政权之间，孤悬河西一隅，但守麟州，东可拒契丹，西能牵西夏，南可保河东。西夏、契丹动辄围困麟州，加之与延州（今延安）等地联系需西渡黄河绕道而去，一切军需物资都须由河东（山西）辗转供应，成为北宋巨大负担，麟州存废曾一度在朝廷内引发争议。但由于军事形势的需要，北宋一直不惜付出重大代价固守麟州，且派名臣如司马光、文颜博、欧阳修、范仲淹等多次巡察。西夏李继迁攻占夏、银、绥、宥等州及河套大部地区，唯对麟州和府州，虽屡派大军侵扰，均未能占领。

顺着路牌的指示，沿着蜿蜒曲折的山路，一直到了山顶，进了一座村庄——应该是杨城村吧。村里静悄悄的，走了几户人家，都是院门大开，但家里没有一人，有门口拴着狗，那狗看我们走近，懒洋洋地叫几声，我们一离开院门，它们便不叫了。

寂静的村庄显得有几分吊诡。正是秋收季节，也许村里的人都忙秋去了。但是，杨家城在哪里呢？看来只好自己寻找了。察看了周围的地形，我们决定上山。村里的土窑洞基本是顺一个方向在一面山崖上挖掘的，山崖并不高，顺着陡峭的斜坡上去，眼前豁然开朗——这不就是杨家城吗？原来，下面的窑洞就修在城墙根底，土筑的城墙在下面根本看不出模样，上了窑洞顶（陕北人称脑畔上）翻过一堵土墙视野一下就开阔了。我们翻过的那土墙其实就是原来的城墙，而宽展的农田就是原来的城区！

对于杨家城的得名，当地人据司马光的《资治通鉴》、欧阳修的《供备库副使杨君墓志铭》、曾巩的《隆平集》等进行了考证。北宋时有名的杨家将祖籍在麟州，是地方上的豪族。五代时期，后晋石敬瑭将幽云十六州割让给了契丹，麟州靠近契丹占领区，为对抗契丹，后周广信二年（952年），杨信就自立为麟州刺史，受命于周。之后，杨信的子孙世守麟州，长子杨重勋，长孙杨光三代都是麟州的地方最高长官。杨信的次子杨业，杨业的儿子杨延昭，三代镇守麟州，抵抗契丹，都是北宋世代名将，因此后世将古麟州呼为杨家城，表达了对英雄的崇敬。

当地还有人考证出杨业23岁离开家乡，渡过黄河后成为一代名将。杨业在《宋史》有传，《辽史》记其

杨家城附近的明长城墩台

杨家城附近的明长城墩台隔窟野河与对面山上的墩台遥相呼应

名为杨继业，传记其父杨信曾在五代十国时的后汉当过麟州刺史，但是《宋史》记杨信为瀛州（今河北省河间市）人，杨业为并州太原人。不管怎么说，杨家城历史上的确有过杨姓大族，《宋史》有真宗赵恒成平年间"麟州杨荣七世同居"的记录，欧阳修的《供备库副使杨君墓志铭》称麟州"杨氏世以武力雄其一方"，说明杨家在当地的确根深蒂固。

杨家城原分内、外两城：内城居中，有南、北二门，南北长1000余米，东西长300米左右；外城周长约4000米，城墙无定形，皆倚山势踞险而筑，蜿蜒跌宕，巍峨险峻。欧阳修《论麟州事宜疏》中说："城堡坚定，地形高峻，乃是天设之险，可守而不可攻。"城墙用土夯筑，高大坚固，外城原有东、南、北三门，西为绝壁，高陡无门。远远望去，万里长城从西南方向逶迤而来，从东边过古城向东北而去。一座座高耸的烽火墩台远近错落，如同一个个威武的哨兵矗立在山头。

杨家城城门上原建有城楼，宋人文彦博有诗：

> 昔年持斧按边州，闲上高城久驻留。
> 曾见兵锋逾白草，偶题诗名在红楼。

张咏亦有《登麟州城楼》诗："莫问戍庭苦，高栏是夕攀。"可见楼之高大、壮观。

据当地文献记载，城东北角崖畔原有两口深井，都是凿石而下，井底直到窟野河床，深不可测；另有两口浅井在城墙下，是石缝泉水。相传当年即使城被围困，四口井水从未断源，足够军民饮用，至今被人们视为奇迹。城东门内原有真武庙，俗称将军山庙，旁有断碑一块，据称曾有宋绍圣年间镌刻的"杨家城将军山庙碑"，其中记载宋康定年间（1040—1041年），西夏攻打麟州，见此处好像有神人指挥，因而逃去，人们讹传神人显灵，故称为将军山，筑庙祭祀之。相传城东南原有松树三棵，年久树老，枝柯相连，树径达两三人合抱，人称神松，神木一名由此而来。金代以此命名杨家城为神木寨，元以后命名为神木县。

文献中记录的城楼、古井、神松都没有看到，只看见刚收割过的大片庄稼地边，东一堵断垣西一段残墙，还有分不清原来是什么的高土台。农民翻地时翻出的瓦片、砖石、瓷片堆放在地边，里面有大量生活用瓷碎片，都是黑釉的。

我的同伴在一堵土墙上发现一块黑釉，用手抠了一下，抠出一个电瓷瓶模样的黑色瓷器，看上去造型古拙，后查《中国陶瓷》一书，发现居然是宋代各式各样"炉"的一种。有关杨家城的考古调查显示，当地出土许多古代遗物，其中瓷器量最大，时代为晚唐至元，尤以宋代瓷器所占比例最大，这从侧面反映了宋代麟州城的兴旺。

墙头长满了高大的酸枣树，红艳艳的酸枣在黄叶间跳跃，没吃就酸得流口水。站在断墙上西望，山下的窟野河静静流淌，再看北边窟野河上游店塔工业区楼房林立，一派现代化景象，几个巨大的烟囱冒着白烟，烟囱下面引出的高压线爬上山坡，越过长城，向东方去了。

夕阳西下，看着美景，奔跑着选拍照地点，突然远处的放羊汉冲我们喊："快跑，阳婆子要下山了。"阳婆子？我们现在不是都称"太阳公公"吗？他这样把太阳比作阴性，这可是非常古老的用法。

第二天早晨又去杨家城，村子里依然静悄悄，走了几家终于发现一个窑洞里有一对老年人在吃饭，看见我们在外张望，老头放下饭碗，出来招呼我们进了窑洞，地下全是豆子、土豆之类才从地里收回的果实。老人招呼我们吃饭，我想了解一下杨家城的情况，就问老头村支书家在哪里，老头哈哈大笑，说："我就是村支书。"

老头叫杨课义，已经88岁，才刚从地里收割庄稼回家。他告诉我们村里的人大多数是姓杨，难道真是杨家将的后代？杨课义告诉我们，老人们传说是杨六郎的后代，祖宗的坟在这个地方。老人从窗台上拿来几个"政和通宝"铁钱，说是种地时翻出来的。

"政和"为宋徽宗赵佶的年号，只有短短八年

（1111—1118年）。宋神宗时朝廷为筹集对抗西夏的资金，曾经在陕西大肆铸造铁钱，徽宗即位以后战争频仍，国用日广，而财政却入不敷出，经济混乱不堪。蔡京为宰相后，又在陕西等地大量铸造铁钱，以弥补铜钱不足造成的通货不足，所以在麟州城发现宋徽宗时代的铁钱，应该不足为奇。

长城就这样连接着中国历史的各个时期，讲述的不仅是军事和战争，也讲述着政治和经济。

在我们要离开村子时，杨课义神秘地问我们："你们看到那棵古树了吗？"他指着山坡下村子中央的一棵大树说，"那树上住两个仙家，露过元神，村里人都看见过。"望过去，那棵树上挂着几绺红布条，树下面还有一个类似香案的石桌。

这棵大树是传说中的神松吗？我们一时还没有反应过来，杨课义又神秘地对我们说村子另一边有人挖开的古墓，墓里面铺有漫地金砖，上面还有花纹。我们要他带去看，老人一再推辞，说："古坟不好，你们出门人不要看，看了不好。"话已至此，只好不再坚持。

五花城：晋右严疆河边墙

车到村前，依然不见城的踪影。既然称城，该有城墙城门。依照过往的经验，认定五花城一定没有什么遗迹了，因为它就坐落在公路边，肯定村里人口稠密，不拆个光才怪呢。

河曲有民谣道：

> 寺也的老糜米，火山的炭，土沟的黄油金灿灿。
>
> 船湾的葡萄，唐家会的蒜，五花城的闺女不用看。

这说的是河曲各地的特产，"五花城的闺女不用看"，当然是随便出来一个都是拿得出手的。

村中有戏台，典型的20世纪70年代的建筑，看来久已不用。正对戏台有一条贯穿南北的直道，将整个村子分为东西两半。顺道直行，西边墙多低矮，门也不大，有些就是凑合的一个遮挡物。一家的墙头搁了一对石雕小狮子，线条简单，雕工洗练古朴，堪称民间精品，那样的好东西，被主人漫不经心地搁在墙头，底座和墙体没有任何黏结，我都担心这样会被外人随手顺走。直路到头，有大墙壁，上面依稀可见

"文化大革命"时期画的宣传画。回身望南，东边远处有城墙墩，上面长了一棵枝叶茂盛的大榆树。

东面多高门大院，大多院门紧闭，似乎久无人居。每个门楼都十分精致，一些门楼里的"耕读继世""孝义家""三畏"之类匾额上，落款居然是乾隆、嘉庆等年号，少说也有200来年了。走到了一家墙外，发现院墙已经坍塌成几个豁口，门楼上的梁柱摇摇欲坠，从豁口进了院子，拨开茂密的蒿草，房子窗棂上雕工精美的图案让我感到一阵窒息。如此精致的院落怎么就荒废成如此模样？

"村里原先有好多财主，都是在内蒙古做生意挣的，"邬荣增告诉我。78岁的邬荣增住在一个精致的四合院里，院子不大，但正厢各房布局井然。大门迎面的影壁上还斑驳覆盖着多年前涂抹上的泥土，泥土下的砖雕在岁月和风雨洗刷下，露出了半个"福"字，从边缘的图案花纹可以看出，雕工极其精致。尽管院子有人居住，但那遮盖在福字之上的泥土，无意中透露出些许消磨岁月的无奈与力不从心。邬荣增说自己1946年参加了共产党的队伍，后来一直在公安系统工作，先在省城后在县城，退休后本来在城里住，回老家看老房子没有人住就要毁掉，"这房子要经常修补，不住人就塌了。"邬荣增说房子是祖先传下来的，毁了可惜，于是就和老伴从城里搬回来住。

邬荣增说我们看到的那个坍塌破旧的院落，是因为不修补。他告诉我，现在村里那些比较完整、保护较好的院子大部分是原主人或后人在住，自家的房子一般都精心照管；而那些塌了的、一个院子四分五裂的、虽然有人住却乱七八糟的，都是当年打"老财"分得房子的贫雇农。一院住几家，虽然名义上是自己的，但不是自家挣的，也就不经心，不收拾，谁也不上心，塌了烂了也没有人管，最后还是搬了出去。邬荣增说他家的房子也就能保几年了，自己从小在这里面长大，老观念重，对老房子有感情，儿女们从小在城里长大，现在又都在外面工作，自己和老伴一去，这房子也就只有慢慢毁弃了。

村里的房子大多是平顶，院落相连，从一家房顶过去可以走过好几家。我上了房顶，转了几家，问了住户的情况，结果证实了邬荣增的说法。

所谓"地主老财"，在中国历史上的多数时间里不过是一些有恒产的中产阶级，是整个社会的中坚力量，也是整个社会稳定的基础。因为有恒产，家业稳定，就要延续自己的田产、宅第、家风，所谓的耕读世家、诗书传家，都要的是一个稳定。在历经社会变迁的风雨之后，地主老财们和革命者们都已经远逝，他们后人的住房已经没有什么差别；差别在于有些人还珍惜祖先的财产，徒劳地做最后的努力，但多数人都一样，祖先留下的毕竟老了、旧了，要毁掉重建或者干脆弃之不用。

来到了生长榆树的城墙根，一个农人在墙根下使劲地顿插一把席芨扎成的扫帚，倒插的大扫帚随着农人一上一下使劲的动作晃动，宛如一棵随风而动的小树，与城墙上头的那棵榆树相映，煞是生动。

城墙根的小院里，75岁的邬秉威一边簸豆子一边咳嗽："老毛病了，抽烟惹的毛病。"老人一边咳，一边招呼我们进了他家的窑洞，"抗美援朝时，祖国人民慰问志愿军，给了五条烟，背包装不下就自己学着抽，后来就买着抽上了。"邬秉威笑着讲述自己的抽烟历史，说来也是半个多世纪前的事了。

邬秉威家的窑洞就打在长榆树的城墙墩下，是两孔通过中间小洞相连的"前后窑"，窑洞低矮逼仄。"是我自己打的。1965年娶媳妇没有地方住，就自己花了几天时间，打了这孔小窑洞。"老人记得很清楚。这个1945年参军的老战士，跟随贺龙的大军过黄河，从陕北打到关中，从关中打到兰州，一直到了朝鲜，腿部负伤之后，1962年回乡务农。家穷，没有窑洞没有房屋，要娶媳妇只好自己想办法解决住宿。在城墙上打窑洞是最省事的办法，"土硬，全干透了，打窑费了不少劲"。邬秉威变相夸赞了古人城堡的坚固，他那住了40多年的窑洞依然完好。要知道，那城墙是用黄河岸边的红胶土，人工层层夯筑起来的，经历几百年风雨，已经干透结实为一坚硬如石的大土块。尽管院子里早已经盖起了几间砖瓦房，邬秉威和老伴依然住在冬暖夏凉的小窑洞里。

邬荣增告诉我，五花城的名字是因为传说中原来有五座城，呈梅花状分布，所以叫此名，但是现在不知道其他四座城在哪里。《三关志》记载五花城堡建于正统元年（1436年），《河曲县志》记载五花城万历十九年（1591年）重修，《中华人民共和国地名大词典》则说："明万历十九年筑五花城，传由城塔平城、城后平城、西城、堡城、城子果城5堡相连组成，故名。"五花城原有东门一座，角台三座。黄河边长城就在城东约300米处，村东不远处，至今仍有一座烽火台。

明弘治十四年（1501年）之后，蒙古也先部占据河套，进而频繁南下侵扰，关河口以下黄河诸渡口多为也先所据，"往来无虚日，保障为难"。在这种情况之下，偏头关总兵下决心沿河修筑长城。"东起老营之丫角墩，西抵老牛湾，南折黄河岸，抵河曲石梯隘口，袤二百四十余里。"嘉靖一朝，是蒙古对明朝北边袭扰最严重的时期。由于明廷拒绝贡市，已经强盛的吉囊和俺答等部，大肆进行报复，嘉靖十一年（1532年）之后，整个北方防线上，一直刀光剑影，蒙古骑兵忽西忽东，连年进犯入掠，纵横蹂践，让明朝应接不暇。

嘉靖四十四年（1565年）五月，山西巡抚万恭上奏称，"山西河边东起老牛湾，西及河曲，与河套只隔一水，先年拒墙而守。至嘉靖二十一年，总兵官王继祖始倡打冰之说，迄今二十余年，因循不改，军士寒苦不支，然于防御终无足恃。今计则自险崖逮阴湾为极冲，当亟筑墙20里；自险湾至石门为次冲，当渐筑墙者亦20里……鞑靼历年攻山西，率由平虏以西而入，是因自平虏以东有威远、大同左右五堡等兵马气势联络。自平虏西至偏、老则四顾荒漠，墩堡为墟。今计则急宜修举废堡，五里为一墩，此修复边防之大计。"次年九月，黄河边若干处河墙修葺竣工，此后到万历朝，黄河东岸老牛湾以下到河曲石梯隘口，边墙和城堡陆续修葺完善。经过弘治至万历近百年不断修葺完善，最终形成偏头关为中心，纵横交错、诸边相连的"河边"防守格局。

自古号称"陕东重镇""晋右严疆"的河曲，由于地接黄河，到了冬季冰坚可渡，蒙古骑兵经常从黄河冰面上呼啸而至，其他地方只防春秋，这里还要兼以防冬，所以这一带有屹立在黄河岸边悬崖之上的墩台，有建在黄河谷地的边墙，还有旧县凤凰城、罗圈堡、五花城堡、夏营堡等城堡构成的防御体系。

从五花城村出去东边不远的山上，有一座圆形的大墩台。因为在五花城附近找不到其他四座城的遗迹，有人猜测五花城的其他四个城堡可能是四个有围墙的墩台。如果真是那样，山上的墩台是否是其中之

一呢？上山来到那个圆形墩台前，周围有一圈夯筑围墙，中间的墩台很高，转了一圈，没有找到上顶部的通道和台阶，只看到一行小脚窝，试着往上攀爬，因为墙体陡直，只好作罢。这个圆形的大墩台应该是山西长城沿线较常见的"火路墩"。火路墩一般是中间一个圆形高土台，土台一周有高大土墙。火路墩上面配备火器，实际就是一座炮台，周围土墙是屏蔽和保护火路墩的。火路墩一般设置在长城边地形较高的地方。此处地势较高，可以望到黄河对岸，对岸的山上也有墩台相望，形成两边夹击黄河滩的态势。

长城从陕西神木往东北而去进入府谷县，然后到达府谷县墙头乡墙头村黄河边的延绥镇长城东端起点，与河对岸河曲、保德县护河长城共同构成"夹河长城"，把两岸渡口严密地控制起来。

这种构筑方式在别处没有。沿河长城两侧，还修筑了许多墩台，主要作用是阻止来自水面的进攻。五花城离黄河1000米左右，山上的墩台居高临下，黄河沿岸完全在其火力控制范围之内。

五花城村后面山上的火路墩，中间圆形高台上当年都架设大炮，炮火随时可以弹压对岸来犯之敌明万历时兵部尚书杨时宁在《宣大山西三镇图说》中说：河保路（管辖今河曲、保德一线）黄河东岸沿长210里，"北虏套虏交侵之地，最为冲险"，"隔河一望，毳幕盈眸，无论冬春冰结，虏可长驱；即秋夏水涨，亦能涉渡。嘉隆间，沿河掳掠，迄无宁岁。故守冻有兵，打冰有例。他镇虽有防秋，此地又兼防冬及春矣"。由于沿河五花营一带数十村落"居民繁富"，蒙古部落每一次南侵总是从这一带下手。

顺河而上，公路左边是宽展的黄河滩，右边是越来越高的山地。快到万里黄河上唯一有人居住的岛屿娘娘滩，发现公路右侧山崖上有古堡，便顺着山崖上的小道攀爬上山。

到了山上发现，所谓古堡是一座圆形的炮台，爬上去一看，脚下的黄河滩地尽收眼底，河曲县城也遥遥可见。但见不远处宽阔的黄河被一分为二，中间包了一座岛屿，岛上树木茂密，稼禾正旺，似有高脊大屋，那便是娘娘滩了吧。传说娘娘滩曾经是汉刘邦一个嫔妃的逃亡避难之所，该娘娘被飞将军李广护送出逃于此，并且

河边墩台

还生了个儿子，因此这里还有"太子滩"之说。据说李广后代在此处扎根，现今岛上居民多李姓。

黄河出了河套之后，从喇嘛湾开始一路南下，几乎全在峡谷里流淌，到老牛湾进入山西境，大峡谷将河水几乎束为一握，急流奔涌，到了河曲县娘娘滩上游数里的梁家碛，峡谷陡然张开，不羁的河水变得十分平缓。河缓好行船，非冰冻季节，随便撑一竿，船就过了对岸。

现在河曲县城西有"西口古渡遗址"，当地立碑说那里是明清以来山西人过黄河、走西口到内蒙古大漠外去的西口古渡，即民歌里唱的"走西口"就是从这里开始的。实际上，明万历以前这里没有渡口，万历时河曲县城远在离黄河十几里的山上，现在的河曲县城是当年的河曲营城。

《宣大山西三镇图说》说河曲营城"相隔套虏止盈盈一水，夏秋恃河为险，虏人最善没水，零窃已属难防，冬春冰结，胡越一家，无险可恃，未款（款供议和）前无岁不被虏，无时不戒严，诚为河保门户。连年套虏构衅延绥，时常出没孤山黄甫川之间，引马稍东，则河保先及之矣"。河保路黄河一线210里仅有"渡口

河边的长城墩台随时守护着这片土地

一"，那个渡口在今河曲县城十多里外的唐家会营。唐家会营城堡初建于宣德年间，"本堡当黄河渡口，三时倚黄河之险，虽足自完，冬深冰结，即官军目不交睫、寝不帖席矣"。由此看来，所谓的西口古渡，最早也是万历以后的事。不过我觉得当年走西口并不一定是从某一个固定的地方过黄河，因为这一带随处都可以过河，而大规模"走西口"也是清朝才有的事。

娘娘滩在河曲县城上游，此处河面开阔，河中有岛屿有沙洲，水分多股，夏季枯水时甚至可以蹚水过河。冬季朔风袭来，冰结河封，往来两岸如履平川。娘娘滩中间的岛屿如一跳板，既可集结又可休整。因此，这里冬季最容易被击破。来自鄂尔多斯草原或河套平原的蒙古铁骑，踩着冰面呼啸过河，如果没有阻挡，可以直捣山西中部，其战略意义可想而知。

因此，在娘娘滩上下沿黄河长城一线，密集分布了十多座墩台及桦林堡、楼子营、罗圈堡、焦尾城四座大型驻兵屯粮的堡塞，四座堡城互为犄角，前后台墩遥相呼应，虎视眈眈地监视着对岸的动静。

在炮台上捡到一枚锈迹斑斑的铁丸，看上去年代久远，是枪弹呢还是炮弹的填充物？

由于历史课本过分强调西方列强用洋枪洋炮叩开了中国的大门，以至很多人以为，中国军队使用枪炮是鸦片战争以后的事。

其实，明代的军队就已经开始使用火炮了。

史载永乐四年（1406年）平定交阯时，得神机枪炮法，于是设置了使用枪炮的"神机营"。当时的枪炮有铜制也有铁制，"大小不等，大者发用车，次及小者用架、用桩、用托。大利于守，小利于战。随宜而用，为行军要器"。永乐十年（1412年），明朝军队在开平至怀来、宣府、万全、兴和诸山每个山顶都设置了五架炮。从得到神机枪炮法，到制造并布置军队使用，只用了五六年，可见明成祖对新式武器的接受与重视。永乐二十年（1422年），山西大同、天城、阳和、朔州等卫也布置了火炮以御敌。就像今日的核弹一样，当时的火炮很大程度上是一种战略武器，作为利器不可示人，朝廷亦审慎珍惜使用之，并没有大规模用于实战。

永乐之后的皇帝，远无祖先的气魄，没有将火炮更大规模地用于国防，而是更加人为神秘化，火炮在很大程度上不再作为一种武器——宣德五年（1430年），皇帝特意敕告宣府总兵官谭广："神铳，国家所重，在边墩堡，量给以壮军威，勿轻给。"原本是打击敌人的武器成了"量给以壮军威"的神器。正统六年（1441年），边将黄真、杨洪在宣府独石设立神铳局，准备大量制造火器，本是一桩扩充军备的好事，皇帝却害怕火器在外面制造，泄漏了技术被人学习，特意敕令制止了这一做法。

尽管皇帝的保守影响了火器在军队的大规模使用，但是在边备日亟的情势之下，还是有人积极地开发试验新的火器。

正统末年，御史杨善铸造了两头铜铳。《明史·兵志》记，景泰元年（1450年），"真定藏都督平安火伞，上用铁枪头，环以响铃，置火药筒三，发之可溃敌马。应州民师翱制铳，有机，顷刻三发，及三百步外"。天顺八年（1464年），延绥参将房能在麓川打仗时，用九龙筒，一线燃则九箭齐发，在战争中发挥了效力，后来他上书请朝廷颁布样式让各边关使用。嘉靖二十五年（1546年），翁万达奏所造火器，"三出连珠、百出先锋、铁捧雷飞，俱便用。母子火兽、布地雷炮，止可夜劫营"。御史张铎亦进十眼铜炮，"大弹发及七百步，小弹百步；四眼铁枪，弹四百步"。1984年，在河北抚宁县板厂峪长城边出土的20多支明代子母铳，证明当时军队已经有了标准的后膛炮——此前人们一直认为中国的枪炮是前膛的，后膛炮是英法联军入侵以后才开始制作的。可惜的是中国的火炮技术在明以后并没有大发展，这是不是与武器神器化有关呢？

明中期以后，皇帝们大概已经认识到了火炮的威力，军队开始广泛配置使用。但是，对新武器的重视远没有永乐皇帝那样积极。正德末年，白沙巡检何儒就从来到广东的佛郎机（西班牙）船上得到了发射距离可达百余丈的佛郎机炮，并且学会了制造之法，但一直过了将近十年，到嘉靖八年（1529年），朝廷才开始造佛郎机炮"发诸边镇"；万历后期又从西洋人那里得到两丈多长的红夷巨炮，但天启年间才开始装备军队。

正如毛泽东所说，最终决定战争胜利的还是人。《明史·兵志》记载："崇祯时，大学士徐光启请令西洋人制造，发各镇。然将帅多不得人，城守不固，有委而去之者。及流寇犯阙，三大营兵不战而溃，枪炮皆为贼有，反用以攻城。"

下了圆形炮台，顺着山崖边的城墙向远处的城堡走去。从门洞进去，左手边的城墙上凿有几孔窑洞，还围了小院，几只鸡在慢悠悠地刨食，不见人影。右手边的一排窑洞，让我一时不知道怎么描述，砌窑洞的工匠手艺实在太差，或者说那些窑洞根本就不是工匠所为——窑洞口的圆拱还没有来得及展弧就收缩，于是成了一个攒尖顶。也不知是窑洞太小还是砖太大，感觉十分怪异——大概三米高的窑洞因为全用大城砖砌就，加上粗大的城砖上原来的灰泥没有抠干净，宽大的缝隙又没有勾缝，整个感觉就是凑合而成。走了几个院落，全是如此。一路沿长城走过，看到许多老城老墙的砖石被拆除，多数拆下的砖石被砌了墙，垒了羊圈、猪圈甚至铺了路，像这样完整地被建成人居的窑洞还是第一次发现，古老的城墙为百姓提供了栖身之所，也算物尽其用了。

在古城里转了半天，没有发现一处像样的房子。好不容易看到一个戏台，本已经坍塌的顶棚上面又压了一棵新近才倒的大树，整个戏台随时都会全塌下来。有一座小庙，看上去久已不见香火，外表破败不堪，里面的残墙上居然有色彩鲜艳的壁画，也不知年代。

庙后一个院落里，几个老人在聊天，进去询问，62岁的罗从应说这城堡叫罗圈堡，再问他城堡的历史，"可早了，是不是秦始皇时代的？"他自己也说不清楚，问边上的人。70岁的罗裕合说："比秦始皇要迟，据说是光绪年间的。"民间的记忆有时就是这样，历史本来是模糊不清的。查史料知，罗圈堡原来叫鲁家堡，建于明宣德四年（1429年），万历五年（1577年）扩建并加砖。既是鲁家堡，居民该有姓鲁的吧。"都姓罗，原来有一家姓张的早死了，另一家姓吴，再没有别的姓了。"老人们告诉我，原来村里有200多户，当时只剩下一些老人，也就七八十人，其他人搬到山下了。是鲁姓走了来了罗姓改为罗圈堡呢，还是原本罗家堡音讹为鲁家堡？没有人能说清楚了。

链接

长城国家文化公园山西段建设保护规划

按照"核心点段支撑、线性廊道牵引、区域连片整合、形象整体展示"的原则，以山西明长城为主线，串联沿线各类长城文物和文化、自然生态资源点，营造差异化的特色主题，全面展示长城的文化景观和文化生态价值，形成"一带、三段、六区、多点"的总体空间格局。

"一带"即一个核心形象带，以山西各历

史时代遗存的长城为主体，从东向西、从北向南经大同、朔州、忻州、吕梁、阳泉、晋中、长治、晋城8个市39个县（市、区），总长1410062.33米，作为国家"万里长城"核心形象带的重要组成部分。

"三段"即三个形象标识段，以现存最完整、景观价值最高的山西明长城为主体，结合山西长城分布特点，划分为明外长城段、明内长城段、太行边长城段三个形象标识段，突出长城（山西段）的自强不息、民族融合、边塞风情等精神内涵和文化价值。

"六区"即六个形象标识区，将山西长城中具有代表性、标志性意义的六个长城文物和文化资源富集区，作为长城国家文化公园（山西段）的形象标识区，确立了雁门关—广武长城、得胜堡—大同镇城、老牛湾—丫角山、娘子关—固关、平型关、杀虎口—右卫古城等六大核心展示园。

"多点"即多个形象标志点，将明长城防御体系中与长城重大历史事件存在直接关联，以及具有文化景观典型特征的重要镇城、路城、卫城和所城、堡城、关口作为形象标志点。

老牛湾：岩成飞楼悬壮剑

原来以为老牛湾对面就是草原牧场，去了才发现，自己被书刊上"晋蒙交界"之类文字和高耸的楼台照片迷惑了。其实老牛湾对面的那个村子才叫老牛湾，而且地势比山西这边还要高出不少，离草原牧场还远着呢，看来想象往往是美好而荒谬的。当地人称山西这边的老牛湾堡为楼圪塔，就是因为高台之上耸立的那个楼台。

老牛湾附近的长城直抵黄河支流河畔

老牛湾村距偏关县城约40千米，也是黄河进入山西之后的第一个村庄。老牛湾堡就建在村西一整块巨石之上，这块巨石三面临水，西侧是黄河，北侧从上到下是如刀切一般陡峭的悬崖，滑石涧方向来的小河从这里进入黄河，现在因为万家寨水电站拦截黄河水面上升，这里已经成为一个大湖的一部分了。老牛湾城堡的对面，是内蒙古清水河县单台子乡的地盘，迎面的悬崖比山西这边的还要高出许多，当地人称"阎王鼻子"。

老牛湾堡西有黄河天险、北有悬崖峭壁，按说不守自险，没有必要修长城，老牛湾村的宋二栓告诉我们："黄河一到冬天就叫冰冻住了，我们和内蒙古那边可以走着来回。"这也就是黄河沿岸的长城边每年"冬防"的原因：本为天堑的黄河，冬天河面一结冰就变为通途了。这样的事情早在汉代就经常发生，清点匈奴南犯的历史，大多数是发生在秋季和冬季，汉王朝的边防也常常是"冬屯夏罢"；到了明朝，经常是蒙古骑兵从黄河的冰面上呼啸而过，直扑内地。

《山西通志》载：老牛湾堡北至边墙一里。"明成化三年（1467年）总兵王玺筑墙，崇祯九年（1636年）兵备卢友竹建堡"，属偏关营管辖。老牛湾堡平面呈长方形，是一座东西长约130米、南北宽约100米、墙高10米左右的石头城。城堡四角向外突出，原来建有炮台，城墙用大条石构筑，南墙东侧设一门，并筑有瓮城等。

《偏关志》记载，明朝这里设防守1名，兵丁150名，有马2匹。清朝乾隆年间仍有把总1名，守望兵

76名，有马2匹，配备弓箭46付，鸟枪28杆、佛郎机枪2杆、三眼枪19杆、快枪77杆、糜针枪11杆，虎爪炮3门、百子炮20门、牛腿炮14门；另外还有刀4口、斧7把，以及生铁炸炮80个、大小铅子1100颗。在冷兵器与火器交替的时代，一个小城堡有如此的武器装备，可以说是比较高的配置。

现在除北城墙基本保存外，东西南三面只剩残墙，墙体均为黄土夯筑。城堡里和敌楼之间保存了许多古老的窑洞和房屋，窑洞全是当地特有的片石干砌，极具特色。在堡北约300米处还保存有一座砖石砌的敌楼，当地人称这座敌楼为"望河楼"。望河楼为方形二层，下部为长条石砌筑，上部为砖砌，底边长12米，高20余米，无梯道，无拱门，当年的军士上下估计是乘绳梯或者下面架木梯上去。到了约15米的高处有一小门，可由此进入楼内。楼顶部的平台处原建有"楼橹"，即一间砖木结构的房子。既可供守城将士遮风避雨，又能储存武器、燃料等。平台四周环以垛口，用以瞭望、警戒、作战。楼南有一门，门额上有匾，阴刻楷书"老牛湾墩"四个大字，并有题头和署款等小字，只可辨出"万历岁丁丑夏"。《偏关志》记载，这座楼为明嘉靖二十三年（1544年）山西巡抚曾铣所建，万历二十五年（1597年）为使这一带"永为金汤保障"，又在旧楼基上增高加厚，使望河楼兼有烽燧的功能。

老牛湾山下有黄河浩荡，迎面悬崖高耸，山上墙台高峙、烽燧相望，景色十分优美。明万历三十一年（1603年）出任偏关县令的卢承业在《咏偏关十景》之《关河鱼浪》就是这样写老牛湾的：

关西形势若崤函，北塞天潢折向南。
岩成飞楼悬壮剑，河翻浪雪点幽潭。
花飘蝶影惊鱼穴，风送涛声破鸟庵。
相接云峰传八阵，筹边人至把兵谈。

由于万家寨水库使黄河水位上升了60余米，现在的老牛湾城堡处在一个三面环水的半岛之上了。坐船在山下的水库里仰头眺望，楼圪塔东北侧那高达七八十米的陡直悬崖之上，高耸的古堡仍然是孤高绝顶！老城中的望河楼、庙宇、民居全由石头修建，古朴而生动，有山有水有长城，老牛湾因此吸引了许多人来旅游观光。

万家寨水库抬高了黄河水位，老牛湾一带已经成为一个适宜旅游的大湖。对面内蒙古修了下山的路，旅游季节许多人乘船到老牛湾游玩

李楞对我说，原先他家住在河滩，村里有100多口人，河两岸全是树，风景很美，后来全被砍掉了。李楞是内蒙古人，他觉得水库建起来是内蒙古吃亏而山西沾光。因为没有了土地，李楞现在每天在水库里摆渡、打鱼。

河对面的内蒙古早已经开发旅游，在山上修了一座仿烽火台建筑和一个大广场，顺着山坡修了一条垂直高度88米、近500级台阶的下山通道，那一面叫作"阎王鼻子"的山坡，仿佛被宽大的灰色台阶切了一刀。因为有了这一条台阶，每到旅游季节，大量游客顺此下山，坐船过河到老牛湾堡来游玩。

2006年10月，住在古城里的人家只有三户了。宋明琼说她家、乔桂香家还常住，另一家虽然没有搬家，但窑洞里经常看不到人。古堡是一座完全的石头城，古城的建筑几乎都在一个大平面上，每家的地都是原来的石头。山下面原来有老牛湾镇，已经淹在黄河水底，山上的石头城是军事城堡，山下的城镇才是居民区、商业区。黄河水位上升了60多米，我想象不出来水下那道大坡上当年的情景，但当年这里也是商业大镇，不仅有商铺、客栈、茶馆、酒楼、戏台、庙宇亦齐全，甚至还有妓院。我在水边不时发现被冲刷出来的砖块、陶片，当地人告诉我们，那是古代的，以前他们经常挖出来陶罐、瓷碗，都是很古老的东西。

宋明琼是宋二栓的媳妇，她从四川绵竹嫁到这个偏僻山村到2006年已经二十多年了，虽然说一口当地话，但言谈中她仍然称当地为"他们这里"。当年有个这村里的小伙儿在宋明琼的老家当兵，娶了那边的姑娘回来，那个媳妇又介绍了好几个四川姑娘过来，嫁到山西的山村。宋明琼家的生活过得很艰苦，丈夫种地打工，大女儿在万家寨水库上班，没有读过一天书的二女儿在家帮她干活，双胞胎儿子在上初中。在宋明琼拿出的一本书里，我看到一张儿子捎回家的半年生活费用单，上面写着："生活费240元，山药230斤，小米80斤，黑豆40斤，粉面（土豆淀粉）10斤，糕面10斤，油4斤。"宋明琼说这是弟兄俩半年的食物，他们装了满满一拖拉机送到了学校。

宋明琼告诉我们，村里的一个媳妇前不久跑回四川老家了，儿子都24岁了，但她还是不愿意再待在这里，太苦。宋明琼说她自己在二女儿两岁时，曾经准备抱上女儿回四川老家，因为婆婆不准带女儿走就没有回去。

宋明琼在长城旅友中非常有名，许多到老牛湾的外国游客、长城爱好者、摄影师都在她家住过，她家里有许多长城画册和有关长城的专著，都是作者留下的。宋明琼喜欢看书，也和来她家的人聊长城，从她那里可以得到许多关于长城以及有关人的信息，可以说她本身已经是长城文化的一部分了。宋明琼说村里曾经有一家"破坏环境，外面来的人不到他家住了"。

离开老牛湾，一路雨水一路雾。陈家营、杨家营、黄家营，一路遇到好几个带"营"字的村镇，这些村镇应该说都与长城有关，以前都是军事营盘。明代大规模实行屯戍制度，军队实行卫所制，全国遍设卫所，每卫统兵5600人，长官为指挥使；卫下辖5个千户所，每所1120人，长官千户；千户所下辖10个百户所，每所112人，长官为百户；百户所下还有总旗及小旗等单位。卫所将士驻留之处称为屯兵城，大则有镇城、路城、卫城，小则有所城、堡城、关城。所谓的"营"并不是现在军队的营级编制，指的就是营盘、驻扎地。

陈家营城堡靠路边的残破土墙依然屹立，城里面却早已经是农田和村庄了。路边一个猪圈围墙的石头被蒙蒙细雨淋得闪闪发亮，其中一块石头与众不同地齐整，细看上面雕刻有精美花纹，从完整的拱形看，应该是在某一个建筑的装饰部位拆卸下来的，可惜原来工匠用心雕刻并且放在醒目位置的石头，已经沦落为砌猪圈的石头了。两个在雨中刨萝卜的汉子告诉我们，他们种萝卜的地方就是原来的老城区。

老营堡城一看就是一座大城，进去一看果然。城墙原为砖砌，但是砖多数已经拆走，只存夯土。从高

老营城一座庙里的
壁画

大的夯土墙尚可看出城堡原来的规模。从西门进去，瓮城内门额石匾阴刻楷书"晋北锁钥"，外门额石匾阴刻楷书"威望关河"，两匾皆署"万历八年"，也就是1580年。城里面有一条横贯东西的大道，高耸的通讯铁塔、路边水泥高压电线杆、两边的瓷砖贴面平房，所有一切让我们走在大道上丝毫没有古城的感觉。

明代这城却不一般，史料记载这个叫老营的城堡，在偏关境内当时的地位和规模是仅次于山西镇城偏头关城的第二大城堡，为边防重镇，曾经是副总兵驻地。明嘉靖十八年（1539年），巡抚都御史陈讲提到："三关形势，宁武为中路，莫要于神池；偏头为西路，莫要于老营堡。"《边防考》载："本堡设在极边，与大同接壤，山坡平漫，寇骑易逞。嘉、隆间，数从马头山、好汉山入犯河曲，而堡城东北去山止数十步，敌若登山，下射城中，则守陴者危矣，次不可不虑。"明正统十四年（1449年）发生"土木堡之变"，朝野震动，各地都开始兴边备，就在这年，都督杜忠监修老营堡，次年完成。成化三年（1467年）筑土城，弘治十五年（1502年）增修，万历六年（1578年）包砖。

老营堡周围群山环抱，中间地势平坦，其东、北两面紧靠长城，关河绕城南西下。从战略位置来看，老营堡北控平虏，西衔偏关，东接宁武；地图上看，偏关县内数道长城，组成了一个"门"字形状，老牛湾在门字那一点上，而老营就在门字右边那一折的中部。现在走在老城里是没有什么特别的感觉，但东、北两面皆长城的老营，当年事关整个晋中安危。

明正统年间，老营堡曾驻守3000名官军，作为游击作战的兵力。

为保证长城戍防体系行之有效，明朝对驻守长城将士的职责有明确规定。以九边总督、巡抚亲统之兵为标兵，少的一万，多的达三万，是作战军队的主力；总兵官直辖的军队为正兵，统辖数千到万人不等，正兵任务较复杂，有随警策应、防秋摆边（秋天把军队派到边墙处分段防守，谓之摆边）、诸镇配合防守以及各种临时任务；副总兵分领军队为奇兵，一般3000人，由军中精锐组成，主要职责是待报赴援、设伏防守和常年防守；游击分领的军队为游兵，也是3000人，主要是机动作战，一般没有固定防区。

嘉靖二十四年（1545年），老营添设副总兵一名，统奇兵，加上守备营、千户所，当时老营共有兵4800名。至万历年间，老营堡所管边墙长64里264步，边墩砖楼15座，火路墩18座，边口2处。

老营堡东西长约800米，南北宽约400米，《三关志》记载老营堡周长约五里，高二丈五尺，东西两门上有城楼，设吊桥，外有一丈五尺深的壕。堡内有东西南北四条大街和八条小巷，有1500间营房。堡内在老营堡参将署之外，还建有老营守御千户所署，此外还有嘉靖四十四年（1565年）建的义学和万历八年（1580年）建的堡学。义学是孙吴任老营副总兵时，利用建军之暇所建，以官地租作为教师酬金。志书记载，至民国初，堡内仍有关帝庙、文昌庙、孔庙、财神庙、城隍庙、马王庙、龙王庙等十多所寺庙。

17岁的郭东杰和一班少年无所事事地在细雨中的街上游荡。在十字街的魁星阁下，他搭讪："我们这城叫凤凰城，有着伟大的历史。"要给我们当向导，"我带你们去看那绵延的长城和古老的宋代石狮子。"我们没有随他去看绵延的长城，转悠了一会儿却与"宋代"的石狮子不期而遇。在老营乡政府门前，果然有一对古朴的石雕狮子，只是不知从何处搬来，下面的底座贴上了瓷砖，石狮子的身上用红、黄等颜色油漆描画了一番，有一种不伦不类的可爱。

顺着大街向东来到了原供销社的门前。从外面看是一整体建筑，里面原来相通的大门市却已经隔成了几个小铺面——全国各地的供销社几乎全倒闭，门市不是卖掉就是分隔成小块给原来的职工了——这个供销社当然不会例外。

我感兴趣的是那个建筑，里面是一长拱，外面门面是若干小拱，也就是在陕西波罗堡见到的那种枕头窑。这座建筑虽然年代不是很久远，但利用乡土材料修筑成这个样子，不仅实用而且富有特色，遗憾的是这样的工艺、这样的建筑以后不会有了。

史料记载，老营城在极盛之时城内有3000多户人家，沿街的字号商铺多达40多家，南销皮毛胡麻油、北运棉布铁器，该是当年晋商发财的地方之一。而且城里面庙宇众多，诸神俱奉，仅各庙前的戏台就有13个之多。当年的繁华都已经远去，此时的老营城和北方僻远地区的任何小镇没有区别，慵懒、闲散、不温不火地过着。

老营城和背后山上的长城墩台

　　北城墙根儿下有一座三官庙，半边已经完全倒塌，剩下的半边也梁柱腐朽、瓦片破碎，站在下面可望天日，随时可能倒塌，也不知道这是不是古城里所有古庙宇的共同命运。三官庙后的城墙下，窑洞一孔挨着一孔，走近一看居然多数里面都有人居住。

　　走进一孔窑洞，摸黑穿过两孔之间长长的过道到了里面的窑洞，炕头14岁的郭美兰和77岁的老奶奶诧异地望着我们两个不速之客。郭美兰告诉我们她家原来在八里泉，那边太穷，她妈妈跑了，爸爸在外面打工，把她和奶奶搬到镇上来，住进了这个原来没人住的窑洞。

作为边关要地，长城边大的营盘军人驻守商旅云集，曾经热闹繁华一时。随着军事地位的改变，这样的热闹和繁华也就消退了。

细雨中走出了老营城的东门，瓮城内门额石匾已风化，字不可辨，瓮城外门额石匾据以前考察过的人说上刻"老营城"，署"万历六年"等字，我看到却是一块摇摇欲坠、字迹完全风化的石匾。东城墙下有人在刨地，城墙尽管残破，但看上去依然震撼……

杀虎口：称雄不独峙群山

杀虎口新修了这样一座建筑

从东山下来穿过河川又爬上西山的土长城，中间一段被包上了簇新的青砖，太原直达呼和浩特的公路直穿长城而过。原来路边的旧关址上，新修建的关口东西两边墩台上各修了一个阁楼，两座阁楼中间用一个巨大券拱连接起来越过公路，券拱中间上方"杀虎口"三个大字，为学者罗哲文所书。

新修建的杀虎口关口是杀虎口旅游区开发项目的一部分。据介绍，项目包括14大景区，主要有古长城景区、古镇商贸街区、杀虎堡宗教民俗文化区、杀虎堡地方特色食品街、畜牧养殖区、农副产品深加工区、苍头河自然风景区、晋北风情文化村、游牧民族度假村、生态景园、杀虎口军事博物馆区、杀虎口镇旅游新村、万鲎层林及其他配套工程。在关口附近能看到的是临街仿古平房以及杀虎口古关新修箭楼2座、长城修复包砖400米、长城博物馆等。

关口里东侧新建的博物馆，里面陈列了一些农具、旧家具，我感兴趣是博物馆的后院里横躺着的石碑、石狮子，仔细看居然有一通刻着明朝皇帝诏书的大碑，其他碑上的文字也多数与边关有关。

一过了杀虎口便进入了内蒙古，100多千米之外就是呼和浩特。以往游牧民族南下中原时这里是主要突破口，历代王朝都曾经在此地驻扎重兵把守。春秋战国这里名为参合径，亦名参合口，一直沿用至隋朝，唐时更名白狼关，宋时改名牙狼关。

清代的《朔平府志》载："杀虎口直雁门之北，众嶂重叠，崎路险恶，数水交汇，缩毂南北，自古传为要塞"，又说"其地内拱神京，外控大漠，实三晋之要冲，北门之扃钥也"。古人对于地理环境的描述往往是虚张声势。明长城一线过来，许多地方都被以前的文人们描述为"锁钥之地""极边要冲"。杀虎口东边的塘子山和西边的大堡山都不过是高原上的黄土丘陵，既不高耸、也不险峻，只是有一些沟壑。在两座丘陵山岳之中，一条长3000米的河谷纵贯南北，约有300米宽的河谷开阔地，形成了一道天然的关口。在冷兵器时代，这样的地形对于骑马的军队来说，根本构不成什么危险，倒是对步兵作战极为不利。清代文人眼里所谓的"众嶂重叠，崎路险恶"不过是缓平的山坡，虽然两边山坡可以设伏，但根本无险可倚，骑马可以随便进出，既控不了大漠，也拱卫不了北京。由此地往北地势更加平缓，明代为蒙古土默特部占领，是蒙古骑兵随意纵横驰骋之地。

说起来，杀虎口这一带在明朝也是帝国北方边境上的一道伤痛的疤痕，因此就起个杀气腾腾的名字叫"杀胡口"。山西长城沿线有残胡、破胡、灭胡、阻胡、败胡、威胡以及平虏、镇虏、灭虏、破虏、宁虏等城堡名字，但名字只不过是一个愿望罢了，胡虏不仅没有被杀，反倒经常从这一线突入帝国的疆域。历史上明确记载的有：明嘉靖六年（1527年），俺答拥骑兵十万由此入侵；嘉靖八年（1529年）又从此地入侵大同、应朔等处；嘉靖十九年（1540年）七月，俺答骑兵携带铁浮图、马具、铠刀、矢锤等武器，入侵杀胡口，势如破竹，直抵太原、平遥、介休、潞安等地，侵占十卫三十八州县，杀伤甚多；嘉靖二十九年（1550年），俺答再次从杀胡口入侵……因此，万历时杨时宁在《宣大山西三镇图说》里说："昔年大举，往往从此入犯。后虏警随息，乃地当孔道，夷使往来境上，必假道于此，且市场应酬繁巨，抚防两难。故守此地者，非才勇之将不可，宜选择而使之，加意戒备焉。"

在这样的地方修筑长城，如此重要的关口，当然要重兵防守。嘉靖二十三年（1544年），明廷在杀胡口一里内大边二边交会处土筑城堡，名为"杀胡堡"。

隆庆议和之后，在边墙内开设马市，允许蒙人用马匹等畜产品与汉人换取他们所需的生活日用品。万历二年（1574年）用砖将杀胡口堡墙整个包筑，城墙方圆二里，高三丈五尺，只设南门，在西城墙和南门外分别设铁炮三门。万历四十年（1612年）又在杀胡堡南百米外建一座新堡，名为平集堡。新堡建成后，又将二堡东西堡墙连接起来，二堡之间被围起来形成一座封闭的关，名为中关。这样新旧两堡唇齿相依，倚角互援，从南到北形成三连环式的堡城，能攻易守。北面通往关外有栅子门紧连长城的城头堡，常设官兵驻守，栅子门白天开放，夜间宵禁，形成"一夫当关，万夫莫开"之势。为严守此关，新、旧两堡共有步兵1040名，骑兵152名。

清一统之后，这里仍然是重要的关口。顺治七年

万历四十年（1612年）在杀胡堡南百米外建的平集堡

（1650年）清廷在这里设立了税务监督机构——户部抽分署，负责征收山西天镇新平堡至陕西神木一线的边口出入税。

清朝从康熙、雍正到乾隆三位皇帝，历时50多年一直不遗余力地征服准噶尔噶尔丹部，杀虎口也一直担当传递情报、运送军粮军饷的"大本营"——因为流经杀虎口的苍头河，一直向西北流入了黄河，西征大军沿河谷行进可以直达河套地区，杀虎口是最理想的大本营。向来严谨的军事活动，在这里也充满商机。清人纳兰常安在《行国风土记》中记道："塞上商贾，多宣化、大同、朔平三府人，甘劳瘁，耐风寒，以其沿边居处，素习土著故也。其筑城驻兵处则筑室集货，行营进剿时亦尾随前进，虽锋刀旁舞人马沸腾之际，未肯裹足。"因为有暴利在前，商人们一不怕苦，二不怕死。晋商多数正是从杀虎口发家的。

康熙三十年（1691年）平定噶尔丹时，为了解决军需供应，曾经带部分汉族商贩随军贩运军粮、军马等军需物资，并允许随军商贩以绸缎、布帛、烟茶与沿途蒙民交换马匹、皮张等物品。杀虎口人秦悦、太谷人王相卿、祁县人史大学三人原本是驻扎杀虎口军队的杂役，利用为军队采购日用品之便，经常出入边关，学会了蒙语。后来部队跟随康熙西征，他们以商贩身份，肩挑货物跟随进入蒙古乌里雅苏台、科布多地区，作随营生意。之后，三人合伙在杀虎口开了"吉盛堂"为名的小商号，40多年后，他们把商号开到了内蒙古归化（今呼和浩特），取名大盛魁。百年之后，大盛魁发展成一个集团公司性质的商业系统，业务远及莫斯科，成为清中期开始一直到民国初年240年间中国北方规模最大的商号。

康熙三十五年（1696年）十二月初七，康熙皇帝西征准噶尔归来，驻在杀虎口九龙湾。他下令将"杀胡口"改为"杀虎口"，之后凡带"胡"带"虏"的城堡地名一律改为"虎"和"鲁"了。从改"杀胡"为"杀虎"可以看出，康熙是深谙得民心之道的。《清圣祖实录》记录，他在康熙三十年（1691年）五月曾说过这样一段有名的话："帝王治天下，自有本原，不专恃险阻。秦筑长城以来，汉唐宋亦常修理，其时岂无边患？……守固之道，唯在修德安民。民心悦，则邦本得，而边境自固，所谓众志成城者是也。"他认为，"须知成城唯众志，称雄不独峙群山"。因此，明朝灭亡之后300多年，国家不再经营长城，沿线居民在墙体上拆砖石、打窑洞，雄伟的长城逐渐荒废为断垣残壁。

康熙三十年（1691年）时，杀虎口还是重兵把守，驻守的兵力达5000名；康熙三十六年（1697年），因为准噶尔叛乱已经平定，清廷便将驻守杀虎口的兵马缩减，一共留下了骑兵、步兵1000名左右。

在西征期间，杀虎口作为远征大军的后勤供给大本营，众多供给军需的客商频繁往来，杀虎口于是成为中原与塞外的贸易中心，新、旧两堡店铺林立、集市兴隆，有商店、旅店、采购、贩运等店铺上千家。清代人写的《圣武记》中不无夸张地描述杀虎口："贸易鳞集星萃，街市纷纷。摩肩雨汗，货如雾拥。"

清廷为了加强对杀虎口的管理，在小镇上设立了户部抽分署、中军都司、协镇、驿传道、巡检司、副将、守备、千总署等八大衙门。

因杀虎口"为内地边城总汇，自南出口自北进口，一切货物俱有应征税课"，顺治七年（1650年）清廷在此设立了税关，乾隆三十二年（1767年）正式设关，派专差收税。税关衙门有各色人等达100名之多。清代可以花钱捐官，这里与其他地方一样，100个名额全部由当地人花钱捐职，捐一个职位1600～3600两银子不等。由于清朝的公职人员俸禄低微，这些捐班的公人们在任上便大捞特捞。

清代杀虎口的税收项目大致有烟酒盐茶税、米面油糖税、荤腥腌腊海菜香料税、干鲜果品税、冠履靴袜棉毛丝麻税、皮毛骨角税、器物税、铜铁锡税、牲畜木植税等十余个项目，其中以出口的烟茶布匹、进口的绒毛皮张为大宗。除口外来的贡品和回口里的灵枢不打税外，口外回口里娘家的姑娘孝敬爹娘一双新鞋被发现也要纳税；只有驾辕的骡马出入不纳税，据说是皇上怜惜驾辕牲口劳苦，特予免税。各种货物按值抽取1% ~ 1.5%的边税，由于进出货物数量庞大，税收所得亦惊人。据《清宫珍藏杀虎口右卫右玉县御批奏折汇编》载：乾隆二十一年（1756年）八月十三日至二十二年七月十九日，"一年零七日，共收正耗银并水路木税抽分正税共银三万五千八百七两六分六厘"；道光十七年（1837年）十二月九日至十八年十一月八日，"一年共征收过正额盈余银四万六千一百九十八两一钱六分"；光绪三十二年（1906年）十二月十日至三十三年十二月九日，"一年共征正耗税银九万一千四百八十两零二钱二分三厘"。另有文献记载民国元年（1911年），甘鹏云出任杀虎口监督7个月，就征收税银83000两。所以杀虎口有"日进斗金斗银"之说，但多数都被贪污。据当时人估计，收10个制钱税款，朝廷最多能得到4个，剩下6个全落到杀虎口的公人差役手中。

清前期，税关官员多由皇亲国戚轮流充当，这些人在京城多充任俸禄微薄的户部员外郎一类职务，便争相到杀虎口捞钱。一直到了清末，朝廷才因为贪污泛滥，规定从光绪三十二年（1906年）开始，不论满汉税务官员，都以三年为一任，所收税款均按日摊算。据统计当时杀虎口直接吃税饭的有近百家，间接吃税连同税店、商店、旅店、烙火印铁匠等加起来则上千家。极盛期的杀虎口有3600余户、4万余人，主要居民有衙门官人、蒙汉商人、兵以及驿传差役，称为三家半人家。辛亥革命后，阎锡山建立闾甲制度，杀虎口当时有27间，700余户。

商贾云集，人口骤增，杀虎口俨然一通衢大都会。据说，明清两朝这里出了7名翰林学士、2名将军、5名举人，民国年间考入各大学的学生有26名，当地曾有"北有杀虎口，南有绍兴府"的口头禅。

"打仗之前害怕敌人藏在城里面，就把庙全拆了。"王翠珍指着地边的瓦砾堆对我们说，"关城里面原来有72座庙，解放战争时拆下的大木头全做了棺材。"

每到一个古城，我都是寻碑看庙访老人，王翠珍说的庙宇数字有些多。我在资料上看到，明清两代杀虎口的庙宇有玉皇阁、真武庙、吕祖庙、火神庙、观音庙、三清阁、白衣寺、奶奶庙、财神庙、十王庙、城隍庙、关帝庙、文庙、三皇庙、三宫阁、大王庙、马王庙、岳王庙、二郎庙、文昌阁、五道庙、土地庙、水泉庙、东岳庙、茶坊庙、北岳庙、勒马庙、三贤庙、喇嘛召庙等50余座。然而，所有庙宇一个也不见了。

在村里看到了一座戏台，从两边檐头下精致的砖雕看，这戏台也有些历史，只是周围的建筑全部消失，无法断定这是当年哪个庙的戏台。残破的戏台估计已经多年没有用了，前台后台堆放了许多柴草。我在后台的墙壁上看到一些黑墨书写的字句，其中一段是戏曲的伴唱词：

> 天上的云啊，请你慢行。
> 浩浩的月啊，请你留神。
> 看看世上忠良臣，想想人间父母心！

另有对联一副：

洞房花烛明姻缘，金榜题名虚富贵。

横批：

空欢一场

下面落款为"山西省岚县晋剧团""辛亥年六月"，看字迹绝对不是民国初的人所写，但1971年即使唱戏也不会有那样的词出现，所以这个留言落款时间就成了谜团。

有意思的是，这里还和河曲县有一争，当地人认为历史上的"走西口"的故事发生在杀虎口，和河曲说"走西口"出去跑生意不同，杀虎口这里说走西口出去的都是移民。

明末，由于林丹汗对土默特部蒙民大肆残杀，蒙古族人口大减，畜群被夺，"有地而不习耕耘，无畜而难为孳牧"。原来60个苏木（150户丁口为1个苏木）的丁口，仅能编30个，为补充缺额，土默特部首领号召凡是定居在土默特辖境内的属民，不分蒙汉，不论出身，只要谁能招集150户丁口，便准以注册入籍，编设苏木，任命召集人为苏木达（即佐领），并允许其子孙世袭。于是晋、陕流民纷纷前往加入蒙籍，流民或向蒙民租地垦种，或入大漠私垦，形成"走西口"的迁徙群体。清朝对蒙古采取怀柔政策，推行喇嘛教，大兴寺庙，大量招徕山西、陕西、河北工匠和破产农民，"走西口"的人渐由土默特而西至阿拉善、额济纳等旗耕牧就食，至中华人民共和国成立前延续不断。

85岁的樊荣坐在老供销社的台阶上晒太阳，他身后的供销社已经关闭多年，残破的门窗用砖头胡乱垒砌着，一间门面两旁被蓝色涂料刷了一下，门口挂了烟草专卖的牌子，但是大门紧锁，看上去也多时没有开业了。"儿女们都在外面，我走不了了，能走的话我也走了。"他有些无可奈何地对我们说，"穷地方，地本来不多，又退耕还林，没地种了，年轻的都到呼市打工去了。"杀虎口关城的居民都住在平集堡，樊荣的儿女和村里其他年轻人全到内蒙古打工去了，曾经熙熙攘攘的边民物资交流大埠，现在只有几个老人靠在墙边晒太阳。"各家都是一两个人。想吃就吃点，不

想吃就不吃；想吃做不动也不吃。就泡方便面、煮挂面。"樊荣平静地给我们讲述自己的生活。

1949年以后成为历史的"走西口"，现在似乎又在重演，长城南边的年轻人又开始往北边跑。但与当年不同的是，他们很少有人去种地，多数是在呼和浩特等城市里打工、经商。

"用不了20年我们这里就没有人了。"57岁的王翠珍略带伤感地说，"出去的都不回来，学校就剩四五个孩子，我们是村里最年轻的住户了。"

从嘉靖二十三年（1544年）以军事防守为目的修筑杀胡口关城，到万历四十年（1612年）新筑平集堡供长城内外的边民进行物资交流，这也反映了长城两边民族关系的变化，由战而和，由对立而交融。其实在长城沿线有许多这样的边贸城堡，如大同、张家口等。

大同府：极目川原处处通

夜里进大同市，东南西北莫辨，只感觉路上到处是拉煤车，到处都堵车。现在的煤都，在明朝却是帝国的边关重镇。《读史方舆纪要》称："大同东连上谷，南达并恒，西界黄河，北控沙漠，居边隅之要害，为京师之藩屏。"清朝方还的《旧边诗九首·大同》写道：

马头北去是云中，极目川原处处通。

绕城卫城分十五，沿边都阃辖西东。

大同地处山西省北部桑干河的支流御河西岸，居大同盆地中，背靠蒙古高原，南望晋阳大地，是连接内蒙古高原与华北平原的纽带，也是从内蒙古通往晋冀鲁豫的咽喉，秦汉时便有飞狐道、灵丘道直通河北平原，参合陉、勾注陉则沟通内蒙古和晋南广大地区。

早在战国时，赵武灵王就在大同设置管理机构，为雁门郡属地；西汉时置平城县，为代国都城。西晋永嘉四年（310年），鲜卑拓跋猗卢被封为代王，整修西汉平城为代国南都。北魏天兴元年（398年），道武帝拓跋珪由盛京（今内蒙古和林格尔）迁都平城，大同作为北魏都城存在近百年。之后或为云中县，或为云州，或为西京，一直是北方民族政权与中原王朝交相统治的地区。北宋庆历四年（1044年），辽兴宗升云州为西京，并设西京道，以大同府为陪都，并在北魏平城故址增修加固城防，此为大同得名之始。

明王朝建立之后，元顺帝北逃"上都"（今内蒙古锡林郭勒盟正蓝旗境内），时时觊觎中原。大同地近蒙古高原，处于明帝国的前哨，不仅是关系朝廷安危的边防要塞、军事重镇，也是政治经济的交会地带。因此，洪武四年（1371年）正月就建立了大同卫，大同卫城坐落在内外长城之间，"洪武五年（1372年）大将军徐达因旧土城，增筑，周十三里，高四丈二尺，包以砖石。"洪武二十五年（1392年）八月徙治所于大同府，设置大同后卫、中卫、左卫、右卫，第二年又置镇朔、安边、阳和、天成、云川、玉林、镇虏、高山、宣德九卫。洪武二十八年（1395年）正月，命"周王橚、晋王枫率河南、山西诸卫军出塞，筑城屯田"，明廷开始大规模经营大同边地防务。

朱元璋为了从根本上杜绝异姓将领对王朝的威胁，将军权由勋臣大将手中转交到王子王孙手中，分封23个儿子和1个从孙到全国各地，以稳固边疆、巩固统治，大同为其十三子豫王朱桂封地。

永乐时都城从南京迁到北京，大同也就成为京师右辅，明人王士琦在《三云筹俎考·大同总镇图说》中说："是镇也，北扦胡虏以控带幽、燕，南总三关以招徕晋魏，翼卫陵寝，屏捍神京，屹然甲九寨焉。"永乐元年（1403年），明成祖就在此地建立镇守制度，派江阴侯吴高镇守，明初以大将镇守边防重地，称镇守某地，镇守总兵官为常设官职。有关研究显示，明朝大同镇驻守兵马众多，永乐时驻军13.5万名，数量仅次于辽东的23万名；隆庆驻兵135778名，仅次于宣府镇的151452名，所以有"大同兵马甲天下"之说。

道光年间《大同县志》记载，成化二十一年（1395年），"总督（大同、宣府）军务余子俊请筑长城。五月，都指挥顾纲以京营兵六千助役"，"大同中路起，西至偏头关接界去处止，东西地远六百余里，地势平坦，无可据，应调集中、西二路，征操马步官军并屯种官军舍余人等"，筑墩台、挑壕堑、修城墙，并将墩台连成一线，在原来小边墙的基础上修筑了大边，这便是大同镇长城修筑的大体时间。大同镇所管辖边墙东起天成，西至丫角山一带，全长640余里。

往大同行进的路上我们不时被挡住不得前进，全是因为路边的煤炭检查站检查拉煤车的超载。可以说，明长城这一线最多的就是燃料。在去得胜堡的路上，我看到路边有人用菜刀砍枯死的树干；快到得胜堡时，连续遇到几个用自行车驮、肩扛、车拉树枝柴火的人，冬天快到了，人们都在准备着过冬的燃料。

"煤烧不起了，矿上一吨煤300多元，拉到咱这里得400多，人家矿上还只给汽车卖，不给马车卖。"73岁的朱德仁在得胜堡南门旁自家的院子里劈柴，他说："烧不起煤，老百姓就偷着砍树，这两年被砍的树不少，全烧了。"这话听起来很熟悉，在甘肃、宁夏也听到类似的话。"我们这里雨水少，长一棵树不容易。"提起这些，朱德仁一脸惋惜。甘肃那边长一棵树更不容易，然而那边根本就不产煤，从新疆、陕西等地运去的煤成本极高，农民无法承担昂贵的价格，只好偷砍稀少的树木和可怜的灌丛。在煤都大同边上的人也烧不起煤，听起来有点匪夷所思，但却是事实。

朱德仁一边劈柴一边叹息："老了，气不够用了。"老人曾经在煤矿剧团唱了20多年晋剧须生，"咱这里靠天吃饭，原来有机井抽水，即使天不滴一滴水也有收成，现在机井全破坏了，不能浇水，全成了旱地。"他给我讲述近几年农村的变化。

出了朱德仁家的院子，就是得胜堡南城门，残存的城门洞上面有一黑色石匾额，阴刻楷书"得胜"二大字，石面上有不少击打的痕迹，朱德仁说那是日本鬼子的子弹留下的。出了门洞在外面看，门洞上方也嵌有一额匾，阴刻楷书"保障"二大字，并署有"万历丙午岁秋吉旦立"——万历三十四年（1606年），这已经

门洞上的"保障"匾额

是400多年前的遗物了。

得胜堡现属于大同新荣区堡子湾乡，位于山西到内蒙古的省级公路旁边，是到丰镇的必经之路。得胜堡自建立以来就以其重要的战略位置，成为明长城大同镇的主要关隘之一。杨时宁在《宣大山西三镇图说》中说："本堡逼邻虎穴，一墙之外，氄幭盈野，贡市往来接踵塞上，故移弘赐堡参将驻扎于此，极为得策……堡与镇羌逼近，击柝相闻，有警两堡依附，矢镞可及，虏终不能独窥一城，以滋跳梁，矧有参将建旄锁钥之顾，参将八堡之援，非本堡所得专也。"明廷为加强这一带的防守，于嘉靖二十七年（1548年）在原来镇羌堡的南面筑起得胜堡，次年将原在宏赐堡的参将移驻此堡，此堡的重要可见一斑。

得胜堡的这个台子也许曾经见证过"隆庆议和"的场面，但现在它背后的城墙里面已经是农田了

朱德仁说他小时候得胜堡里有好几个庙，现在全不见了，南门上面是三层的阁楼，日本人来的头一年，一场大风把阁楼刮倒，日本人来之后把木头全烧了。

朱德仁自豪地讲述得胜堡的悠久历史："先有得胜堡，后来才有的丰镇。"得胜堡往北10多千米就是内蒙古的丰镇市，丰镇在明长城之外，历史当然比得胜堡要短多了。朱德仁说："原来这里有参将衙门，城墙有三丈六尺高，边上有花栏，我小时候经常上去耍。"

在朱德仁家门口的南门洞内东西侧墙壁各嵌有石碑一块，西墙碑被刷了一层红色油漆，碑文难以辨识，红油漆上面写的黄色"毛主席语录"也不太清楚，想来也有四五十年的光景了，已经成为一种文物遗存。

东墙碑字迹清晰完整，为万历三十五年（1607年）八月扩修得胜堡记事碑。碑文写道：

……因其人稠地伙，原议添军关城一座，东、西、南三面大墙，延长二百二十八丈，城楼二座，敌台、角楼十座，俱各调动本路镇羌等七堡军夫匠役共计一千一百八十八名。原议城工俱用砖石包砌，于万历三十二年七月起，三十五年八月终止。

所有原议土筑砖包关城大墙，并城楼、敌台等项，俱各一通完。仍有原议新军营房三百间，今亦盖完。其原议军夫匠役口粮米五千四百四十三石，已支过口粮米三千七百六十九石一斗，节省口粮米一千六百七十三石九斗。原议军夫匠役盐菜并烧造砖灰炭脚费及营房木植物料共银二千九百五十三两七钱，已支用过银二千五百零二两三钱，节省盐菜物料银四百五十一两三钱。

这块碑清楚地记录了当年修筑关城动用的人员与花费，没有超支，还有节余，今日读来万分感慨。

得胜堡和我们所看过的古城堡一样，除了寥落的村庄就是破败的城墙。原本城中央的一个过街楼或钟楼之类的建筑，现在成了一个四面开洞的方台，石头砌筑的四个拱上方保留了四块题额，分别刻写"护国""镇朔""雄藩""保民"，这四块匾额的意思正好反映了明帝国当初建立得胜堡的意图。意图虽然很好，但当时并不见得能够事事如意。看几年前的照片，这个台子的四面门洞被封住作为驴圈，现在虽然拆去了四面的石头，但并不是原来的面目。或许这台子是当年的阅兵台，说不准当年的俺答受封就是在这里举行的呢。

"护国"匾额

"镇朔"匾额

"雄藩"匾额

"保民"匾额

明朝立国之初实行"禁边"政策，限制中原内地物资流向草原。明与蒙古部落的贸易，以朝贡贸易为主，洪武年间就有实行，永乐时期形成了朝贡体制，经宣德到正统时朝贡贸易达到高潮。

对朝贡，明廷早期有明确的限制性规定："于每年冬春农隙之时，遣使来朝，不得过三四十人。"后又规定"使臣往来只可一二岁一次，所遣使止百十人"。蒙古朝贡使团每次进京，均带有马驼牲畜、珍稀皮毛、土特产等，明廷接纳贡品后，回赐金银、布帛、绸缎、衣帽、茶叶等，并允许使团在京住所与官府商民进行3~5天贸易，称为"贡市"。根据《明实录》统计，永乐元年至隆庆四年（1403—1570年）的160多年间，蒙古使团进京朝贡达800多次，仅贡马就有50多万匹。土木之变前，瓦剌也先为得到更多赏赐，常常突破贡使人数限额，正统十二年（1447年）十一月，来朝贡竟有2472人；正统十三年（1448年）十二月，礼部奏报使臣3598名，但经核实只有2524名，显然是为多领赏赐而虚报了1074人。

到嘉靖时，一方面鞑靼各部时时争战，另一方面明世宗刚愎自用、轻视北方民族，明廷趁草原出现大灾之际，实行"禁边"，朝贡关系中断。

"禁边"阻断了物资贸易，当然引起迫切需要茶叶、布帛等物资的草原各部的不满，于是蒙古部落不断南下掳掠。明廷虽不断修筑加固长城，但并未有效阻挡，不仅人民生命财产遭受极大损失，明朝的国力也遭到了极大消耗和削弱。

早在嘉靖十一年（1532年）初，驻牧河套的蒙古首领小王子就向明廷提出了通贡请求，但被嘉靖皇帝拒绝，于是拥兵10余万入寇。之后，蒙古土默特部首领俺答汗多次入边，虽然抢掠得到一些人畜物资，但是纱缎布帛非常少，并且"人马常被杀伤"，俺答觉得"不如贡市"，于是多次派人奉书表示愿意臣服于明廷，请求在长城关口恢复互市贸易。

嘉靖二十年（1541年）秋，俺答派使者石天爵"款大同塞"，第一次正式向明廷提出通贡请求，申诉了近来每岁入掠是由于贡道不通，希望通贡以后塞内种田、塞外牧马、永不相犯。世宗对俺答十分怀疑，拒绝了通贡的请求，俺答恼羞成怒，大举内犯山西太原、平定、寿阳等地，纵掠而去。

嘉靖二十一年（1542年）闰五月，俺答再次派石天爵到大同请求通贡。结果石天爵被新任大同巡抚龙大有诱捕押入京城，被处以磔刑并传首九边枭示。俺答闻讯，不等秋季粮食收获，六月便率众入寇，大掠山西，南至平阳，东及潞安沁州，自六月十七日至七月十八日，过四十州县，掠杀男女20万人，掳获杂畜200万头，焚毁庐舍8万间。

石天爵事件四年之后，嘉靖二十五年（1546年）五月，俺答又派三名使者进大同左卫，向明朝提出通贡请求。由于前有官员因杀使者而受升赏的恶劣先例，这三名使者还没见到朝廷的官员，就被总兵官的家丁杀害，以冒功领赏。

使臣被杀，俺答又发动了一番入边抢掠。但是到了七月，他通过宣大总督翁万达，第四次提出通贡请求，然而嘉靖帝再次否决了俺答通贡之请。

嘉靖二十六年（1547年）二月，俺答又派使者李天爵第五次提出通贡，其诚恳态度让守边的总督翁万达、巡抚詹荣、总兵周尚文为之感动，因而共同上疏建议世宗予以考虑，结果受到明世宗训斥，通向和平之路再次被堵死。

到了嘉靖二十八年（1549年），俺答仍不放弃通贡的要求，但他不再派遣使者，而是拥众来到明朝军营外，"束书矢端，射入军营中"，同时又利用被掠放回的人传言："以求贡不得，故屡抢。许贡，当约束部落不犯边。否则秋且复入，过关抢京辅。"翁万达在边防前线得到消息，赶紧上奏给世宗，世宗回答："求贡诡言，屡诏阻隔，边臣不能遵奉，辄为奏渎，故不问。万达等务慎防守，毋致疏虞。其有家丁通事人等私通启衅者，廉实以闻，重治之。"由此可见，嘉靖皇帝以其偏狭、刚愎自用，顽固地拒绝和蒙古通贡互市，以至从嘉靖十一年（1532年）以后，整个北边防线上一直是刀光剑影，战争不断。

嘉靖二十九年（1550年）八月，俺答集合了10余万蒙古骑兵大举南下犯大同，总兵官张达和副总兵林椿皆战死。因贿赂严嵩子严世蕃而任宣大总兵的仇鸾惶惧无策，竟送重金给俺答，求其不要进攻大同镇。俺答便移兵进攻宣府镇、蓟镇，顺潮河南下，八月十六佯攻古北口，从西黄榆沟等偏僻处拆边墙进入，由石匣营至密云，转而掳掠怀柔、三河、昌平各州县，二十一日逼京城至安定门外，之后围城数天，史称"庚戌之变"。

本来是可以通过贸易、利用经济手段和平解决的问题，明廷却硬是在军事威逼之下才不得不同意通贡互市。嘉靖三十年（1551年），明廷在大同、宣府等地，开启了马匹交易为主的马市。因由官方主办，亦称官市，还有关市、通市、互市、大市等称呼。这些都是由官方指定的交易场所，每年7—10月开市一到两次，每次15天。开市期间，双方都派官员兵丁"守市"，监督管理市场秩序和入市货物。除了主要的马匹之外，市场上还有皮毛土产、布帛绸缎、粮食茶盐等货物，兵器、铜铁等严禁交易。

隆庆五年（1571年）三月，明廷封俺答为顺义王，俺答的弟弟、子侄属下各部支七十余部落都得到封赏。五月，俺答率领各部落的首领，在得胜堡参加了封王诏书接受仪式，这便是明史上重要的"隆庆议和"。

"隆庆议和"之后，长城沿线九边各镇又开市11处。据万历十五年（1587年）申时行所修《明会典》记载，"在大同者三，曰得胜口，曰新平，曰守口；在宣府者一，曰张家口；在山西者一，曰水泉营；在延绥者一，曰红山寺堡；在宁夏者三，曰清水营，曰中卫，曰平虏卫；在甘肃者二，曰洪水扁都口，曰高沟寨。"这些记录只限于定期定额的大市，各边镇众多类型的小市、民市都没有记载。

马市让双方的贸易性质发生了质的变化，由原来的朝贡贸易逐渐发展为自由贸易。民间自相往来、互通有无的贸易，也逐渐占据主导地位。得胜堡成为物资交易的集贸地，由此通往大同的道路上，经常是贡使络绎、商队接踵，马群驼队终年不绝。

明朝正德、嘉靖间兵部、吏部尚书乔宇巡视大同边关，曾写《登大同城楼》：

东南山势绕皇都，西北楼高眺望孤。
荒碛平沙连塞远，片云寒雁入空无。

长城万里卑秦筑，文德千年仰舜敷。

今日北去谁锁钥，受降城外尽奥图。

在嘉靖三十年（1551年）开放马市的同时，明廷就开放了不定期的民市。万历元年（1573年）以后，又在土默特、鄂尔多斯的一些地方和宣府、大同、榆林、宁夏、甘肃等边镇设立定期民市，《万历武功录》记载："边外复开小市，听虏以牛羊皮张马尾换我杂粮布帛，官吏得税其物，以补抚赏。"明廷允许民间于每月15日后集中进行1~2天交易，也称月市、小市、私市。这样的民市是多方获利，"一梭布可易一羊，一布衣可易一皮袄，利皆倍之"。

边贸活动带动了市场的繁荣，一些边关军事重镇，变成了商贸大集市。据今人统计，明代长城九边地区有近70个马市。由此看来，长城沿线其实是一条巨大的物资交流带，同时也是一条巨型的文化交流带，对长城两边的农牧文化的合作、交融发挥了巨大的作用。

我们沿着明长城从大同一路向东北行进，在河北省万全县李太山穿过了长城，经张北县进入了内蒙古贡保格拉草原。草原上的草已经黄了，牧民们开始打草，农民的庄稼已经收割完毕，赶着牛羊在收过的庄稼地或打过草的草场上放牧。

宋满娣的老家本来在张家口内，祖辈都是农民，口外地广人稀就迁了过来，虽然到了草原上但依然以种地为生，不过每家每户都养几头牛和几十只羊作为副业。宋满娣说她放牧的牛只有两三头是自家的，其余三十来头都是别人家的。各家的牛合在一起成一群，大家轮流放牧。但他们都不是牧民，所以也就没有草场。没有固定草场，就帮助有草场的牧民干活，在人家的草场上放牛羊。宋满娣说牧民的草场全圈了起来，夏天时农民的牲畜不能进去，只有到了秋天，农民帮牧民打完了草，才允许他们的牛羊进去放牧。

蒙古族牧民巴特骑在高头大马上，追赶羊群。他告诉我，草原上骑马放牧的人已经很少，多数牧民是骑摩托车放牧。他的羊群有500多只羊，但也是几家的，"羊多草少"。巴特说，各家的羊也就百十只，大家轮流放牧，"还要干点别的事情，要不不够吃。"

60岁的杨炜老家也是在口内，不过现在他已经完全是牧民了。早年从口内跑到草原上，先在国营牧场放羊，后来牧场承包，他包了100多只羊和一片草场，这样就既有自己的羊群又有自己的牧场。现在羊群已经达到300多只羊，而他每年只需要按照原来承包时的羊的数量缴纳羊毛，其余的收入就全是自己的了，每年下来，羊毛、羊肉能卖不少钱。因此，虽然上了年纪，杨炜也是乐不思归。

昔日胡人南下牧马，而今汉人北上放羊，历史就这样循环着。

宣府镇：熟羌卖马尝入塞

作为宣化博物馆的研究人员，颜诚说他2017年以前的主要工作就是宣化城墙的修复规划与设计。为了配合申办冬季奥运会，2015年宣化开始城墙修复，到2017年全面完工，宣化古城墙已经恢复明清面貌。新修复的城墙城外面包砖，城里面露着夯土。颜诚说："明代修的城墙就是这样，可能是为了节约。"

宣化城墙

颜诚对宣化的历史有深入研究。他说，宣化建城年代有汉和唐两种说法，汉代建城的说法见于明嘉靖四十年（1516年）编纂的《宣府镇志》，而唐代建城之说在《旧唐书》和《新唐书》中都有记载，都是说范阳节度使安禄山在此修建雄武城。最近几年考古发现的汉代墓葬和战国墓葬，为宣化汉代建城提供了重要证据，甚至可能将建城时间推到战国。不过从文献记载和考古发掘看，宣化城从汉代一直到金代变化不大，城的规模比较小，大致与其他汉代县城规模相当，周长四里左右。历史上宣化城至少有两次扩建，一次是金大安年间，一次是明洪武二十七年（1394年）"展筑土城，方二十有四里，辟七门以通耕牧"。正是这一次扩建，奠定了现在宣化城的规模，城墙总长约12千米，面积约9平方千米。

根据史志记载概略统计，仅汉、唐、宋、明四个朝代，北方民族经宣化南下的较大战争就达70多次。《宣府镇志》称宣化城的地理大势："飞狐、紫荆控其南，长城独石枕其北，左屹居庸之险，右结云中之固，群山叠嶂，盘据错峙，足以拱卫京师而弹压胡虏，诚北边重镇也"，所以历代政权对此地都非常重视，都是派重兵固守。洪武二十八年（1395年），也就是扩建宣化城的次年，朱元璋封其十九子朱惠为谷王，到宣化建谷王府常驻。永乐七年（1409年），朱棣任命随他五次北伐的重臣郑亨为镇朔大将军，镇守宣府，正二品都指挥使万全都司，也直接隶属镇朔大将军调遣。嘉靖年间，宣化城内有军户127497人，官户4551人，民户仅2035人，隆庆年间宣府驻扎官军达151452人，因此宣化是一座名副其实的"军城"。

宣府镇是明长城沿线较早设置的边镇，管辖东起慕田峪渤海所、西达西阳河全长1116里的长城防守任务。早在永乐十年（1412年），宣府镇就修筑了长安岭至洗马林的边墙；正统初年，随着蒙古瓦剌部兴起，边事日紧，修筑边墙之事不断被提出。《明史·兵志》记载："正统元年，给事中朱纯请修塞垣。总兵谭广言：'自龙门至独石及黑峪口五百五十余里，工作甚难，不若益墩台瞭守。'乃增赤城等堡烟墩二十二。"

　　正统十四年（1449年）八月，瓦剌也先分兵四路向辽东、宣府、大同、甘肃四镇长城发起进攻。年轻的英宗朱祁镇不听诸大臣劝阻，率领50万大军"御驾亲征"，结果在离宣府不远处的怀来土木堡全军覆没，英宗自己也被俘。就在这次史称"土木之变"的事件中，明长城的主要关隘及很多城堡遭到毁灭性破坏。景泰帝即位之后，明军收复所失边关并加强修缮，当年十一月开始修缮沿边关隘。

　　"土木之变"50余年后，虽然长城全线连接，但此时的明王朝已经开始衰落，贪污腐败成风，各级官吏巧夺豪取屯田，任意役使卫所军士，很多军士沦为佃户。黄云眉《明史考证》载："成化时，蒋琬言大同、宣府诸塞下腴田，无虑数十万，悉为豪右所占；弘治时，张泰言甘州膏腴地，悉为中官武臣所据……"军士们病无医药，死无棺敛，致使大量逃亡。嘉靖年间曾在兵部主事的唐顺之在复勘蓟镇边务后，在给皇帝的奏疏中说："从黄花镇起至居庸关，尽镇边城而止，凡为区者三，查得原额兵共二万三千二十五名，逃亡一万零一百九十五名。"决定京师安危的居庸关一线尚且如此，其他地方就更严重了。

宣府镇长城较大规模修筑，主要在嘉靖年间，特别是翁万达任宣大总督时。"嘉靖二十六年（1547年），万达又请自西阳河镇西界台起，东至龙门所灭狐墩止，为垣七百一十九里""嘉靖二十八年（1549年），万达又请自东路新宁墩北历雕鹗、长安岭、龙门卫至六台子，别为内垣一百六十九里有奇……以重卫京师"。

嘉靖之后，隆庆和万历年间都对宣府镇长城进行过修建，直到崇祯年间，朝廷仍然对宣府长城的修筑十分重视，崇祯帝曾经在蓟辽督臣张福臻的奏疏中钦批："宣边修墙事宜，该督监抚详画速奏。"然而，明帝国虽然已经形成了完整的长城防御体系，但这种完全消极防御的军事工事，就是帝国的心理安慰，一旦遇到猛烈进攻，长城防线基本形同虚设。

嘉靖三十年（1551年），宣府开设马市，蒙古各部赶来马匹，明廷准备了布帛、茶叶，双方进行交易。由于连年"禁边"，使得蒙地对内地的物资需求极大，《明世宗实录》记载，当时的交易"以我缎布既竭而止"，而俺答汗对交易也极其重视，交易时"约束部落，始终无敢有一人喧哗者"。真如明人何景明《陇右行送徐少参》诗中所写："熟羌卖马尝入塞，将军游骑不出边。"

边关打仗是非常态，更多时间则是和平状态。军镇城市一般来说基本没有商业设施，也不存在什么贸易，但是守边将士往往屯垦结合，种田会有余粮，就会发生交换、买卖，这种买卖往往是出了关口成了对外贸易。军人多的地方，商人也逐利而往，宣府城及周边驻扎十几万军人，当然是一个巨大的消费群体，所以中原乃至江南的商人逐渐出现在宣府城，商业也便发展了起来。绸缎布帛、棉麻粮油、盐茶糖酒、锅碗瓢盆与马羊牛驼、皮毛鬃绒，南北交流，各得其所。万历《宣府镇志》记载："宣大市中，贾店鳞比，各有名称。如云：南京罗缎铺、潞州绸铺、泽州帕铺、临清布帛铺、绒线铺、杂货铺，各行交易。铺延长四、五里许，贾皆争居之。"

宣府做生意占尽地利，从这里出发，北可达蒙古乌兰察布，西直通山西大同，东与北京毗邻，是天然的交通枢纽和物资集散地。

宣府完全转向贸易交流，则是因为张家口的兴起。

现在宣化是张家口市辖的一个区，在明朝却恰好相反，张家口只是宣府镇万全卫下的一个小城堡。明代万全卫统辖今张家口大部分区域，守卫独石口、野狐岭及大同方向通往居庸关及紫荆关道路，是京师的主要屏障。清朝方还在《旧边诗九首·宣府》写道：

万全八驿接神京，上谷千年汉将营。
地险旌旗藏杀气，山盘鼓角壮军声。

顾祖禹在《读史方舆纪要》中指出，万全都司南边保护京师，北边控制沙漠，如其失守，京师的灾祸就不远了。

明代仅嘉靖十七年（1538年）不到半年时间，蒙古瓦剌部就两次攻入野狐岭。张家口堡属野狐岭方向防线，这一防线以万全卫为中心，设有8堡，张家口堡是其中之一，但张家口当地发生的战事并不多。

张家口的地名与明初人口迁徙有关。当地史志记载，明初充实边防，清水河边迁来了说山西话的人口，其中张姓人口众多，聚居一地，于是就有了张家口。洪武二十五年（1392年）宣府镇报户部黄册中有"张家口牧地五顷五十亩，可耕地八十八亩。"宣宗继位后，为加强防务，在宣德四年（1429年）修建了张家口堡。

嘉靖三十年（1551年），宣府开设马市，明向蒙古购进军马近万匹，主要交易场所就在张家口堡外。隆庆五年（1571年）议和后，宣府互市地点设在张家口堡外东西太平山之间。张家口堡是长城沿线11处马市中贸易量最大的一处。隆庆五年宣府收购马1.8万匹，其中10993匹购自张家口堡；万历十一年（1583年），收购马近3万匹，购马银18万两，全购自张家口堡。万历四十一年（1613年），宣府巡抚汪道亨巡视边塞至张家口，其在《张家口新筑来远堡记》中记述："问其堡何以缩之内地。则曰：敌来市，即率我吏士商民，裹粮北向，而遇合之。藩汉错趾，贸易有无，绵蕞野处，市罢各散去。"因此，万历四十二年（1614年）在张家口堡北约5里处建成来远堡，将马市设在堡内，俗称上堡，因是贸易市场所以又叫市圈；张家口堡被称为堡子里，俗称下堡，为军事政治中心；上下堡均有军队驻守。

《万全县志》记载，万历年间，张家口互市贸易已是"百货坌集，车庐马驼，羊旃氄布缯瓦缶之属，踏跳丸意钱蒲之技毕具。"明朝崇祯时礼部尚书黄景昉的《国史唯疑》中说，张家口开马市后，缎布买自江南，皮毛卖到湖广，物丰民安，商贾云集，如中原城市一般繁荣。明朝沈德符编写的《万历野获编》则记载，不仅宣府镇，连西边大同、东边蓟辽的货物都集中到了张家口一地，市场上搭满了帐篷，想找尺寸之地开张，没有几千钱拿不下来。

来远堡市圈当时环堡四角各设戍楼，城墙上开西、北二门，西门叫永顺门，仅容一辆牛车通行，或因地处京师以西，又称西境门。清朝时张家口的防卫作用减弱，贸易需求大增，于是顺治元年（1644年）在西境门西100米的长城上又开一座大门，因比西境门高大，俗称大境门，西境门因此被称为小境门。

清朝疆域广大，长城内外贸易兴旺，而张家口这个长城边的小城堡，也逐渐发展成为北方物资交易、集散重镇。大境门破墙而开，既无城门楼也不设瓮城，不仅意味着张家口对蒙古各地贸易的剧增，也标志着民族沟通与融合的加强。

张家口北倚广阔的天然牧场，南接肥沃的粮食产地，毗邻北京、天津，为外接漠北内通中原的交通枢纽，这里便成了蒙汉贸易的商埠。

张北草原牧场

从明朝中叶起，张家口就有了一批专门"跑草地"的商人，清初张家口有10家商号从事蒙古贸易，雍正时增至90余家，嘉庆二十五年（1820年）达230余家。到咸丰年间，已经形成了山西和直隶两大商帮。当时张家口资本雄厚的大商号有大盛魁、天义德、元盛德以及大德玉、大升玉、大泉玉、独慎玉、大美玉等十大玉，他们的总号都设在张家口，分号则设在库伦（今乌兰巴托）、恰克图等地。输出货物有砖茶、瓷器、布匹、铜铁制品、纸张、硫黄、火药、生烟、糖果、点心和各种日杂用品，以及珠宝玉器、金银首饰、绸缎等；输入的货物有羊毛、驼毛及毛织品，羊皮、牛皮及皮革制品，狐皮、海獭皮、貂皮等珍贵皮毛，奶食、蘑菇等食品，鹿茸、麝香、羚羊角等珍贵药材以及马、牛、羊等牲畜。

顺治元年（1644年），张家口开大境门后，将蒙汉贸易市场移至大境门外正西沟，称为外管市场。大境门是清朝北部边境陆路贸易最大的关口，出大境门北上西去可直达四子王旗，这是清廷通蒙古的重要贡道。这一条贡道不仅负担辖区内物资的运输，漠北喀尔喀等部落与内地的交往也要走这条道路。就在开大境门的当年，朝廷向张家口派遣了满人官员收税，来自南方的茶和北方的皮毛、马牛羊等为征税的主要对象。初定关税额为1万两，雍正元年增为2万两。随着贸易发展，关税收入不断增长，顺治七年到顺治十年（1650—1653年）三年间，张家口征收关税约2.2万两白银，平均每月600多两。按清代关税5%的常规税率计算，大境门关口每月平均贸易额高达1.2万两白银，年贸易额达到15万两左右。

雍正六年（1728年）至乾隆二十七年（1762年）之间，俄国国家贸易商队开辟了新的来京贸易商路，这条商路由俄罗斯恰克图，经蒙古的库伦（今乌兰巴托）到张家口，这便是著名的张库大道，然后经张家口进京。张库大道承续明代马市贸易，种类、范围更为广泛，大境门内外货物堆积如山，奔走在张库大道上的商人成群结队。

　　由于张家口贸易发达，不但吸引了国内各地商人，也引来了国外商人。外国商人除专门收购由蒙古来的畜产品，还将洋货在张家口市场上销售。最红火时张家口堡有票号、商号、洋行1500多家，其中有英国的"仁记""德隆"、德国的"地亚士"、意大利的"礼和"、美国的"茂生""德泰"、法国的"拔晏""立兴"、日本的"三菱""三井"以及荷兰的"恒丰"等外国洋行，如今张家口堡子里仍有十来处欧式、日式建筑的洋行遗迹。

　　1909年，中国人自主设计、施工的第一条干线铁路京张铁路通车，张家口的贸易更加兴隆。大境门北的张家口历史照片展室里，有京张铁路通车时张家口车站的照片，上面显示当时张家口车站名下方写着KALGAN，"卡拉根"即蒙语"大门"之意，是当时张家口的国际通用称谓。1907年北京－巴黎汽车拉力赛是张库大道通行汽车的开端，1918年张库公路正式通车，汽运使张库大道年贸易额达到1.5亿两白银。

　　大境门有"万里长城第一门"之称，主要还是因为它门上题写的"大好河山"，察哈尔特别区都统高维岳1927年所书这四个大字，在长城关口匾额中可谓独树一帜。山海关的"天下第一关"，居庸关和嘉峪关的"天下第一雄关"，娘子关的"京畿藩屏"，以及紫荆关的"河山带砺"等匾题，或是讲关口的重要，或是对关口的期许，唯独"大好河山"四字的视野超越了关口，有更恢宏的气韵。大境门本为开放交流而生，它所表达的长城内涵，是沟通融合的枢纽，以"大好河山"书写大境门，可谓神来之笔。因此，大境门也成为张家口的地标。

20世纪20年代末，受国际局势影响，张库大道贸易中断；20世纪50年代初，察哈尔省撤销，省会张家口划入河北省。

张家口堡现属张家口市桥西区，尚存部分城墙遗迹和一些明清建筑，已成张家口堡景区，也列入了全国重点文物保护单位。张家口堡历史上曾有50多座庙宇，今尚有关帝庙、文昌阁等。

从历史长河看，合作终究大于对抗，开放终究大于封闭，互利共赢终究大于零和博弈。正缘于此，因防务而生的张家口，终在长城上打开大门，由军事对抗的城堡变成物资贸易交流的城市，并因此而兴旺发达。当时在此参与交易的商人不仅有汉、满、蒙、回、藏各族，而且还有俄、美、英、法、德、日、意各国商人……多种文化在此相互渗透，长城两边历时数千年的战争、贸易、交流，终于在此完成了最后的融合。

链接

长城国家文化公园河北段建设保护规划

长城河北段现存战国、汉、北魏、北齐、唐、金、明等不同时期的长城，总长度2498.54千米，涉及秦皇岛、唐山、承德、张家口、保定、廊坊、石家庄、邢台、邯郸9个设区市以及雄安新区共59个县（市、区）。

长城国家文化公园河北段建设保护规划以明长城为主线，沿燕山、太行山脉串联起构建"两带、四段、多点"总体空间布局，划定840平方千米的管控保护区。规划建设山海关、金山岭、大境门三大核心展示园，山海关长城、金山岭长城、白羊峪长城等42条集中展示带，板厂峪长城砖窑遗址群、张家口堡等258个特色展示点，22个文旅融合区和3类传统利用区。

两带：燕山长城文化遗产带和太行山长城文化遗产带。

四段：山海关段通过山海关中国长城文化博物馆、山海关古城遗址、长城山海关风景道等展示古代军事防御体系的突出成就和中华民族守望和平、众志成城的自强精神；金山岭段用金山岭长城风景道、金山岭长城保护修缮等项目彰显人与自然融合互动的文化景观价值；大境门段通过大境门长城文化博物馆、大境门长城文化主题展示区等体现中华民族融合、开放的精神；崇礼段通过长城景观、太子城遗迹、"长城人家"旅居带、崇礼森林音乐节，展示世界文化遗产饱含的"中国智慧"和"中国经验"。

多点：将与长城重大历史事件存在直接关联、以具有文化景观典型特征的代表性段落、重要关堡、重要烽燧等作为标志点，如老龙头、白羊峪、喜峰口、紫荆关、倒马关等。

金山岭：江东子弟曾为家

周万萍说他准备再出一本长城画册，他原来出版的那本画册已经再版2次，累计卖了2万多册。这是一个非常了不起的数字，要知道多数中国摄影师的画册也就印刷一两千册，能够卖出的寥寥无几。

在河北省滦平县金山岭长城上，一个残破的空心敌台前，我们遇到了正在陪摄影家陈长芬拍摄的周万萍。他说上午陪同台湾来的一群摄影家上了长城，下午来陪陈老师，就是说他一天上了两次长城。虽然金

山岭这里从山下到长城上并不是很远，但要知道由于八岁时被电击伤，周万萍的左腿落下了残疾，行动很不灵便。其实，周万萍几乎每天都待在长城上，他是靠长城谋生的许多人中出名的一个。

周万萍所在的金山岭长城，位于河北省承德市与北京市交界的滦平县巴克什营花楼沟一带，东起望京楼，西至古北口，全长20余千米，属蓟镇长城。蓟镇长城在明初就开始修建，洪武六年（1373年）大将军徐达"自永平、蓟州、密云迤西二千余里，关隘百二十有九，皆置戍守"，"洪武十四年，徐达发燕山等卫屯兵万五千一百人修永平、界岭等三十二关"。正统十四年（1449年）的土木堡之变，蓟镇长城亦遭到瓦剌也先部的破坏，当年十一月明廷曾经修缮沿边关隘，之后在弘治十一年（1498年）又加以修缮。

嘉靖十八年（1539年），巡抚都御史戴金巡边时认为，蓟镇内边诸山险处亦多，但山外攀缘易上，山空水道处所，每年虽修垒两次，皆碎石干砌，遇水则冲，虏过则平。因此建议，应将山外可攀缘处堑崖凿壁，山顶以内严令禁长树木，补砌山口水道使连亘如城，亦如陕西各边之制，更添墩堡以备防守。由此可知，那时蓟镇的长城大都比较简陋。

蓟镇长城较大规模的修筑，大多是从隆庆至万历年间由戚继光完成的。

隆庆时（1567—1572年），号称"控弦十余万"的蒙古俺答部"常为蓟门扰"，北京也经常受到威胁。隆庆元年（1567年）十二月，由督师辽、蓟的边帅谭纶推荐，明廷特召戚继光为神机营副将，由福建调北京以3万余名边防军"专属继光训练"。次年五月授戚继光以

"都督同知"衔总理蓟州、昌平、保定三镇练兵事；不久又授蓟镇总兵官，镇守蓟州、永平、山海关等处。《明史》记载："自嘉靖以来，边墙虽修，墩台未建。继光巡行塞上，议建敌台……请跨墙为台，睥睨四达。台高五丈，虚中为三层，台宿百人，铠仗糗粮具备……五年秋，台功成，精坚雄壮，二千里声势联接。"

戚继光作为蓟镇总兵官，为长城防御，可谓殚精竭虑，用心良苦。戚继光在蓟镇最大的功勋就是在山海关到昌平这条线上，修葺长城、修筑空心敌台，完善了长城防御体系。有人概括蓟镇长城防御体系是"城关相连，敌台相望；重城护卫，烽火报警"。史称："会台工成，益募浙兵九千余守之。边备大饬，敌不敢入犯。"再加上戚继光等将帅治军有方，设防多谋，节制精明，器械犀利，蓟镇边塞防线确乎固若金汤了。

但是自隆庆议和后，蒙古各部基本没有大举南下，戚继光所为几乎没有发挥作用。所以现在看到北京河北一线长城上的建筑，基本保留了戚继光修筑时的面貌。

民间传说金山岭原来叫沙口峪，当年戚继光带到此地修长城的大部分官兵和民工，是抗击倭寇的江东子弟，其中很多是镇江人，他们到了长城边上思念家乡，戚继光就以镇江大金山、小金山，命名此地为金山岭，并告诉官兵，守卫金山岭，就是守卫家乡的大金山、小金山，以此激励官兵。

河北、北京往东长城的墙体，不再全是夯土或铲削土崖畔而成的土墙，大都是片石、块石或砖垒砌的砖石墙，与西部长城一个显著的区别，就是蓟镇边墙上有空心敌台。

敌台原是为了防御敌人进攻，在边墙上每隔一段距离，连续设置的突出于墙外的高台。由于三面突出墙外一面与边墙连为一体，所以可以从侧面射击敌人，消除城下死角。因此，相邻两座敌台的间距，与当时作战武器的射程有关。早期敌台建筑在城池墙体上，因自下而上收分，外观狭长如马面，故有"马面"别称；宋朝开始在城墙马面上加筑木构的敌楼，以便于防御回击城下进攻的敌人。

明朝在战略防御重地的边墙外侧，几乎都筑有敌台，最初多横跨边墙而建，并且高于墙体且为实心。成化末、正德初，抚臣文贵在榆林镇修建空心墩台（敌台）147座。60余年后，戚继光镇守蓟镇，发现"先年边城低薄倾圮，间有砖石小台，与墙各峙，势不相救。军士暴立暑雨霜雪之下，无所籍庇。军火器具，如临时起发，则运送不前；如收贮墙上，则无可藏处。

金山岭长城上的空心敌台

虏势众大，乘高四射，守卒难立，一堵攻溃，相望奔走，大势突入，掳掠莫御。"因此，他奏请："建空心敌台，尽将通人马冲处堵塞。其制，高三四丈不等，周围阔十二丈，有十七八丈不等者。凡冲处，数十步或一百步一台；缓处，或百四五十步，或二百余步不等者为一台，两台相应，左右相救，骑墙而立。造台法：下筑基与边墙平，外出一丈四五尺有余，内出五尺有余，中层空豁，四面箭窗，上层建楼橹，环以垛口。内卫战卒，下发火炮，外击虏贼，贼矢不能及，虏骑不敢近。"

当时戚继光上奏要修建空心敌台3000座，每座需银50两，总共需银15万两。由于耗银巨大，隆庆帝只同意修1000座。原计划用三年时间修完，结果从隆庆三年（1569年）到万历九年（1581年）的十多年间，戚继光在山海关到昌平的长城上，在修补旧边墙的同时，一共修筑了1448座空心敌台。因此，今天在北京、河北境内明长城上，可以看到许多保存完好的空心敌台。

作为京畿重地重点防卫保障的金山岭长城，空心敌台密集分布，全段10.5千米筑有47座之多，敌台间的距离最远的不超过200米，最近的仅为60米，密集程度在明长城中绝无仅有。金山岭长城上空心敌台的形制多样，有方的、圆的、扁的，还有折角的；有一层、二层甚至三层的；根据敌台大小，开设箭窗有三眼的、四眼的、六眼的甚至九眼的；建筑材料有纯砖的，也有砖石混建的；敌台的用途有铺房，也有库房；空心敌台内部有单室，也有双室；形状有田字形、日字形、川字形、回字形；顶部有平顶、穹隆顶、船篷顶、四角攒尖顶、八角藻井顶，等等。当地人还给一些空心敌台起了独特的名称，如桃春楼、仙女楼、花楼、将军楼、獾窝楼、戏台楼、猫眼楼，等等。这些名称来源多样，或根据形状命名，如"猫眼楼"远看就像一只蹲在山上的小猫；或根据特征命名，如"花楼"上有汉白玉券门，门上浮雕精美的花卉；还有些根据传说命名，如"仙女楼"，传说是由玉皇大帝派五个仙女下凡，她们变成五只狐狸帮助修建的。

金山岭长城上的空心敌台不仅形式多样，而且建筑细部精致讲究，一座座御敌作战的空心敌台，仿佛无数高超的建筑大师在这里展示技艺，远远超出了军事建筑的实用价值。空心敌台的箭孔有砖砌的也有石雕的，许多不仅造型讲究，细部雕刻也非常精致，有箭孔雕刻像僧帽造型，犹如祥云浮顶；有箭孔雕连续波纹，犹如群山连绵；有的箭孔上雕刻线条刚劲有力，犹如刀枪挑起军帐门面；有的箭孔上的雕刻虽然粗犷，但卷起的线条犹如妩媚小花，让冰冷的箭孔有了温馨的情调；更有箭孔上用坚实的线条雕刻了盛开的莲花，让人无法想象箭孔本来的用途。

最有意思的是，在金山岭18米高的"小狐顶楼"上，隐藏着一堵麒麟影壁，该影壁用15块青砖砌成高1.1米、宽1.84米的浮雕麒麟形象。画面中一匹麒麟头东尾西，龙头鹿角，鬣毛飞扬，掉头双眼望向身后，张口吐舌，尾巴高耸，驾着祥云向前奔跑，显得生龙活虎、威风凛凛。楼顶上有文字砖刻"万历六年镇房骑兵营造"，由此可知，这堵长城上罕见的影壁，建于公元1578年。麒麟集龙头、鹿角、狮眼、虎背、熊腰、蛇鳞、马蹄、牛尾于一身，与龙、凤、龟并称"四灵"，也是神的坐骑，是古人眼中的仁兽、瑞兽。对于骑兵来说，或许就是图腾一样的崇拜物，所以骑兵营修建的空心敌台上出现麒麟形象，也就不足为奇。另一方面，在军事防御工事的长城空心敌台上，在构建各种防御建筑之外，还建造了用于官署民居的影壁，其上的麒麟图案不仅表达戍守长城将士的某种崇拜，也暗含祈盼和平、憧憬幸福生活的愿望。

从军事角度看，建在长城上的这些空心敌台，高大坚固，就是一座座微小的城堡，既可容纳官兵、储备武器，又可瞭望作战，具有多重职能。明朝规定，每座敌台编配50名士兵，2座敌台设一名正八品的百总，10座敌台设一名正七品的把总，20座敌台设一名正六品的千总。由此可见，长城某区段设置敌台的数量，与所防护区域的军事等级和规模大小有关。

周万萍的家就在长城脚下的二道梁村里。他说他家里原来有两亩多土地，后来只剩一分多一点儿，种地早已经成为捎带干的事，在长城上摆摊、拍照片是2010年以前他的主要谋生手段。那时周万萍在长城上租了一个摊点，一年交10个月的租金4万元。也就是说，一年365天，即使他天天在长城上摆摊，每天至少要赚100多元才刚好够租金——在长城上谋生并不容易。

因为家就在长城脚下，小时候周万萍经常上山挖药材、割荆条，"那时候觉得长城很神秘，就沿着城墙往前走，这周走一段，下周再走一段，也不知道哪里是尽头，到底有多长。"从那时起，长城就成为周万萍生活的一部分，而长城的神秘，也从那时就吸引了他。

长城是神秘的，修筑长城在周万萍看来更是神秘而伟大的。他认为自己后来拍长城并且能够拍好，与修复长城有很大关系。1986年，金山岭长城进行修复，周万萍拖着伤残的腿，加入往山上背砖运水的队伍，腿脚不便的他，比别人更加深刻地体会了修长城的不易与艰难。周万萍说自己当时就老想："古代的人怎么就把这东西给修起来了？祖先真是用血肉之躯筑起了长城！"

起初在长城摆摊、给游客拍照片就是一种谋生的手段。在这期间，他不断接触各地来拍长城的摄影师，开始关注他们的拍摄，并且认识了一些摄影家，在他们的指点下开始有意识地拍摄长城风光。

从小在长城边长大、长年在长城上厮混，对于金山岭长城的每一段，周万萍都是烂熟于心，长城真的就在他的心中。经过观察，他找到了一个拍摄雾中长城的最佳位置，并且在一个雾霭缭绕的清晨，趁游客还没有到来的时候，拍下了他的第一幅"作品"。他给这幅照片起了个名字——《云雾锁长城》，然后寄给了《辽宁青年》杂志。没想到，他的"长城"很快就登上了杂志的封面。这幅作品发表以后，吸引了不少长城爱好者和摄影师前来寻觅这个拍摄点，周万萍总是毫无保留地给大家带道儿。

1993年，周万萍拿到了他摄影以来的第一笔奖金。2000元的奖金如雪中送炭，给周万萍带来了信心和希望。干旱的河北山区下一场雨不容易，平时只要一下雨，周万萍就冒雨上山去等彩虹，但往往是空跑一趟。1994年夏天，一场大雨降临金山岭，不等雨停，周万萍用塑料布包着相机爬上了山。雨后的蓝天出现了一道绚丽的彩虹，周万萍早已支好了三脚架，当阳光照射在长城上的同时他按下了快门——就凭这一张《气贯长城》，周万萍获得了第17届全国摄影艺术展金牌奖。周万萍成了名人，并且成了中国摄影家协会会员、河北省摄影家协会理事和中国长城学会会员。

到2000年，周万萍已有百余幅摄影作品在国内外摄影大赛中入选、获奖。这一年，他出版了摄影集《我的家乡——周万萍摄影》。从那以后，周万萍在长城上摆摊、拍照片还卖自己的摄影集。几年过去，周万萍的摄影集重印了2次。随着年龄的增长，周万萍说他对长城的认识也在变化。他认为，现在自己完全可以把心里想的东西用照片表达出来，所以他想再出一本长城摄影集，展现自己心中的长城。

链接

长城国家文化公园北京段建设保护规划

根据长城所在区各类文化和旅游资源、山脉沟域环境、公共服务配套设施、村镇资源条件等保护发展要求和资源禀赋，确定"一线、五区、多点"的整体空间结构布局，通过保护线、整合区、做亮点，展现北京长城历史文化景观，弘扬当代中华文化强国精神。

一线：即长城资源主线，是长城军事防

御体系的主体，也是展现长城核心价值的历史文化遗存区。

五区：即五个重点区域，包括：

马兰路：位于平谷区，东起平谷区长城段1号敌台，西至平谷区长城段18号马面，长城墙体长度约26千米。该段长城明代属蓟镇马兰路辖。

古北口路：位于密云区，东起密云256号敌台，西至密云376号敌台，长城墙体长度约30.4千米。该段长城明代属蓟镇古北口路辖。

黄花路：位于怀柔区和延庆区，东起雁栖镇莲花池村东75号敌台，西南至响水湖景区段长城198号敌台，西北至延庆区111号敌台，北至延庆区302号敌台，长城墙体长约30千米。该段长城涉及明代昌镇黄花路和宣镇东路、南山路。

居庸路：位于延庆区和昌平区，东起延庆区14号敌台，西至延庆区94号敌台，北至延庆区257号敌台，南至南口城堡，长城墙体长约38千米。该段长城明代属昌镇居庸路辖。

沿河城：位于门头沟区，东起斋堂镇沿河城东岭城墙，西至沿字拾壹号敌台，长城墙体长约4千米，以及连续无墙体连接的"沿字号"敌台线。该段长城明代属真保镇辖。

多点：即区域内多个核心展示园、集中展示带、特色展示点、传统村落、旅游景区等，是体现北京长城文化代表性特征的重要资源点。

小河口：野祠多祀戚元戎

　　1952年，在郭沫若的建议下，国家首先修复了北京八达岭长城，成为最早开发旅游的长城地段之一。由于八达岭长城影响广泛，因此在许多开发长城旅游项目的人眼里，长城就是八达岭那个样子，于是就出现了许多给原来的土墙包上砖，垒砌整齐划一的垛口，再加上几个砖砌的楼台，彻底改变了长城的原貌。

　　山海关附近河北省抚宁县董家口以"农民修复长城"而出名，时任村委会主任骆建华告诉我，其实也说不上修复，就是农民集资铺了两条上山的路，然后把山上长城塌陷的砖墙码上。

　　董家口堡位于山海关之北，属于今秦皇岛市海港区驻操营镇董家口村，长城在村后连绵起伏、地势陡峭的石梯山、猫山、大拉子山上，长近9000米。史料记载这段长城是明洪武十四年（1381年）在北齐长城基础上修筑的。董家口堡在嘉靖初建成，万历年间石筑城堡，周长365米，城堡、城墙如今虽已残破，但城堡石券门上精致的莲花、祥云以及城楼滴水瓦上的夔龙等图案依然清晰可辨，为现存明长城的精华部分。董家口地势险峻，关口外群峰交错，沟深路狭，仅可通单骑，明清两朝都在此设把总，驻守官军100多名。

明长城上最基本的防守单位是敌台。一座敌台配守兵60人，30人守台，设台长1人，其余30人分6班守垛口，每班5人，所以班又称作伍，每伍设垛长1人。隆庆三年（1569年），蓟镇的军事长官曾经议定了一条长城的用兵原则，就是"区别缓冲，计垛授兵"。一般情况下，一个垛口一个兵，在陡峭不易攀登、易守难攻的地段，布置兵力就少一些；而有些地势平缓容易攻破或重要的关口，每垛布置兵力可多达5人。

骆建华说董家口长城上的楼子各不相同，以前那些楼子是有主人的，老人们都知道哪个是董家楼，哪个是骆家楼、耿家楼，都是村里各姓的——很可能开始是以台长的姓命名的，后来是不是干脆某姓台长长期驻守就直接承包了？因为村里人大多是原来守边将士的后代，山上的长城楼子破坏得比较少。

但是，20世纪40年代以后，村里人还是拆了不少长城砖盖房修屋、垒院墙。2002年，经秦皇岛市有关部门批准，董家口村决定整修长城。为保护古长城风貌，在文物保护专家的指导下，村民们不用任何新砖，而是拆掉当年用长城砖修盖的房屋、院墙，用老长城砖修复被毁坏的长城，城墙有的地方坍塌得厉害，就按原样用石块砌好，以旧修旧；采纳文物专家意见，用整块条石铺砌游人通道，既可防止明长城城砖被踩坏踩断，又保护了长城原貌，修旧如旧。当时一共修复坍塌、损毁处1580米，铺设上下山石头路2130米，开凿山道115米。

董家口因为媒体报道引来了游客，村民开了十几家旅馆、饭店，当年修复长城时村民们集资投入了10万元，2007年之前村里每年有3万多的承包收入。在董家口大毛山下"盼夫泉"边，一个卖栗子的妇女指着山上的长城笑言："谁知道祖先留下的那东西是谁的，有利了，大家都沾点光吧。"

实际上那个妇女所说的"有利了大家都沾点光"是不现实的。长城能够带来的利益有许多，最直接的莫过于圈起来一段，安个门卖票收钱——许多地方都是这样做的，许多地方也想这样做——多数地方其实连门都不用安，因为长城多数在山上，只要开一条上山的路或者把住上山的路口就成，此路是我开或者是我的祖先开，只管收买路钱就可以发一笔小财。我从秦皇岛市区去董家口一路颇费周折，因为在去的路上，发现了好几个"长城游览区"指示牌，不知到底哪一个是去董家口的。一路走过发现，仅在董家口所在的驻操营乡，就有板厂峪、河口关、董家口等几处长城旅游景点，而且这些景点在同一条路线上，相互之间的距离并不远，偶尔想到长城上旅游的游客，到了那里估计都会为选择景点而踌躇一番的。

董家口一个村就有两个旅游点。我是在进村前遇到村主任骆建华的，当时他就在进村路边上山路口的小房子里，看上去那小房子才新修不久，房子就是一个卖门票的地方，新修的上山路口搭建了一个简陋的彩门，上面插了几面彩色旗子，上山的路两边也插了彩旗——显然这是一个才开始的旅游线路，上面打的牌子是"长城生态旅游"。骆建华告诉我，"上面（村子后面）是长城旅游，下面（进村前的这个上山点）是生态旅游。"我还真想不出生态旅游是什么样子，骆建华说生态旅游就是在上山看长城的路上有树林什么的。这样的生态旅游能够吸引游客吗？估计这里吸引游客的还是长城。

骆建华后来给我介绍的情况，露出了一个村两处景点后面的端倪——他说2002年村民集资开发的景区，后来承包给投资商了，一年给村里交35000元承包费。这里游客不少，五一、国庆的黄金旅游季节，一天有三四千游客，平时周末也有百十人的数量，门票收入显然不少。

董家口村由三个自然村组成，前面的村子原来叫等将口，据说这地方兵到了没有将，大家都在等将，等啊等，一辈一辈地传下来叫白了就成了董家口。骆建华讲的这个故事我有点不太相信，就问他村里有没有姓董的，他说董家口自然村里没有，后面那个叫破城子的自然村里有——显然董家口还是与董姓有关的。

戚继光镇守蓟镇期间，一方面由于隆庆议和，另一方面修葺边墙修筑敌台、建立车步骑营、对兵器进行改善更新、严格训练兵将，加强了边防设施，所以几乎没有发生大的进犯。但就在董家口一带，曾经多次发生蒙古朵颜部首领董狐狸的进犯事件。隆庆二年（1568年），董狐狸试图进攻青山口，很快被戚继光的部队打败。万历元年（1573年），董狐狸再次南下，两次被戚继光的手下王轸击败，其中一次董狐狸本人险被俘。万历三年（1575年），董狐狸胁迫其弟长秃一起进攻董家口一带，戚继光先发制人，派兵出塞活捉了长秃。之后董狐狸率部请降，并归还明军哨探7人，献贡马7匹，请求释放长秃，明廷答应了其请求。从此，戚继光任上时朵颜部再没有犯边骚扰。《明史》称赞"继光在镇十六年，边备修饬，蓟门宴然。继之者，踵其成法，数十年得无事。"清人高士奇有诗句说："百雉岩岩古镇雄，野祠多祀戚元戎"，可见人们对于保家卫国的英雄，是不会忘记的。

到长城上去的老路，在大毛山自然村里，村口就是那口"盼夫泉"。传说明朝隆庆年间，边将关三虎之妻陈月英千里寻夫到此，口渴至极，便掘泉得水，后来陈月英常率女眷在此取水做饭，大概一帮女人一边打水，一边在此井边相互叨念叨守在长城上的丈夫，所以有了盼夫泉的名字。这个传说倒是从一个侧面验证了一个史实，就是当年戚继光从南方率领过来的守边将士，是连家眷一起到了长城边扎根的。

到了山海关附近的董家口，由西向东的长城采访就要结束，没想到出租车司机却说，董家口的长城根本不怎么样，小河口那里的长城才好看呢，全在森林里，城墙上的松树长得合抱粗，他甚至打赌如果不好看他不要租车费。更让我感兴趣的是，他说那里有个老头自己修长城保护长城，并且办了个展览馆。

翻山越岭到了离山海关不远的辽宁省绥中县小河口村，发现"自己修长城保护长城"的刘福生其实并不是"老头"，但山上的长城真是在森林里，长城的墙上真长有合抱粗的松树。

在长城边，刘福生一边捡拾草丛里的矿泉水瓶子，一边骂："这些犊子！"那神情就好像谁有意往他家的院子里扔了垃圾。在刘福生看来，在长城边扔垃圾和扔到他家屋里一样让他生气。

55岁的刘福生并不是小河口村人，他的家在锦州，一个偶然的机会，他来到绥中县小河口村。小河口村是一个当时不为外界所知、仍旧保持古朴风貌的小山村。村里有十几间依山就势、建在缓坡上的老民宅。这些古老的民居建筑样式、格局基本一样，人字架形屋顶，上面覆盖着由于年代久远已经发白的瓦，木头格子的窗户。村里人讲，这些房子的年代至少在300年以上，应该是明末清初修建的，刘福生说他后来居然在村里找到了明代的房契。

村里人还告诉刘福生说附近山上有明代长城，"我跟他们上山一看，就惊呆了。这是长城吗？怎么和我见过的北京八达岭长城不一样，修得这样精美，这么生动。"刘福生对我说他当时的心情，"我就有一种被以前见过的长城欺骗的感觉。"

小河口长城坐落在绥中县西沟村一带雄险陡峭的山脉上，这里是辽宁省与河北省的分界线。该长城贯穿西沟村的6个自然村，小河口是其中一个。这里原有始建于洪武年间的河口关，《卢龙塞略》记载河口关："城石，高丈四尺，周二十九丈九尺，西门有楼。"关口呈东西向，关口南北两侧山峰对峙，相距三四百步，北山高数十仞，南山高十余仞。如今关城早已不见，空留南北高山和关口河滩平地。沿山梁上去，向西行不远就进入河北省抚宁县境内，山下就是董家口村了。因为有树林的遮挡加上山路崎岖，这一带的长城人为破坏较少，许多地段墙体、楼台保存完好。站在小河口南边的山上向四周望去，目力所及南、东、西三面而来长城上有31座敌楼、18座战台、14座烽火台，所以人们认为此段长城可以媲美北京八达岭长城。

小河口、董家口一线的长城上，有好多空心敌台的券门、券窗、箭孔上雕刻有图案，多是祥云、彩带、宝瓶、莲花、狮子戏绣球等传统吉祥纹样。其中两个拱券上刻着线条盘旋屈曲、缠绕在一起的"缠枝莲"，这种图案本是夫妇恩爱的象征，用于抵御敌人的战争设施上，怎么会像女人绣花一样，有这么多的浪漫、这么细腻的表现？当地居民说，附近有一座靠近河滩的敌楼，原来是夫妻合住的"媳妇"楼。古代中国一直延续军户屯守边疆的传统，但军人家属大都是驻扎边境附近的营城，长城是不是真有夫妻值守有待考证，但隆庆以后承平日久，边墙上的兵卒带家眷轮流值守也不是没有可能。

小河口附近的山上，可以看到许多保存较好的楼台

刘福生查阅史料发现，小河口长城和董家口长城作为一线整体，同时于明洪武十四年（1381年）在北齐长城基础上修建的。隆庆年初，戚继光被调到蓟镇整顿边务，所带将士中有许多浙江义乌籍将士。由于长城修葺工程浩大、守卫任务艰巨，戚继光为稳定军心，允许一部分家眷随军。官兵们于是携妻带儿，在长城边上安下家来，生息繁衍。刘福生认为，"戚家军"携家带口筑长城、守长城，修筑敌楼时肯定受到女眷的影响，也有人因此说这里是全国唯一的"女长城"，这个就有点夸张。时至今日，小河口的村民，都称自己是"戚家军"的后裔，据说义乌那边有编写家谱的人，还专门来调查这个村某姓的情况。

通过朋友引荐，刘福生请来中国长城学会的专家来鉴赏小河口村一带的明长城，据说令专家惊叹的不仅是保存较好的明长城，还有这一带的自然景观。专家说："所有长城沿线，像这里有这么好的天然松林，找不到第二处。"专家们的说法，进一步证实了刘福生最初的感觉：这是一段活生生的、真实的明代长城，主体保存非常好。

为了弄清楚小河口村周边明长城资源，刘福生走遍了附近的山山沟沟，特别是从西沟至锥子山之间的几十座空心敌台。在这一带，他发现了一座被中国长城学会专家称为目前保存最完好的敌台哨房。当地老乡说20世纪60年代这座敌台上还有瓦顶和门窗，后来一户人家盖房子，把瓦揭走了，哨房的房顶也就塌了。刘福生第一次到达时，哨房里积了厚厚一层土。经过整理，他意外地发现了当年装火药的大缸残体和一些火药。

辽宁省绥中县小河口附近的长城是明代辽东长城的一部分，此处许多长城被山林遮蔽，保存比较完好

刘福生决定用自己的力量开发、保护小河口长城的旅游资源。他来到长城脚下，一住就是5年，每天都到长城上转悠，俨然长城的守护神。5年里，刘福生硬是没有让村里人再从长城上拿一块砖，甚至没有让靠山吃山的农民再砍一棵树。许多处倒塌的墙体和烽台被他垒了起来——就将原石原砖干茬，没有使用任何石灰水泥。他说："这事不能胡整，要的就是原貌。"

　　现在，每到假日就有不少人来到小河口，刘福生健步如飞地领着一拨又一拨人上山下山，到他发现的观长城最佳点拍摄、游览。刘福生认为小河口一带的长城景观，是目前所有长城景观中罕见的奇特景观，他有一套完整的旅游开发规划。尽管他已经在崎岖的山间砍出了几条羊肠小路，将进入小河口村的沙石土路拓宽了一倍，但他的多数开发规划还仅限于纸上。

　　刘福生说："搞这个东西要爱，也要懂，不改变原貌，原汁原味才有价值。"也许他说的对，但是如果开发了，游客数量暴涨，在利益驱动之下，所有的愿望还能够坚持吗？

姜女坟：千载长城忆始皇

离开小河口时，刘福生说带我去看一个守长城边将的墓。沿着长城走了几千里，见了许多长城戍边人的后裔，但是一路还真没有遇到修长城者和守长城者的墓。

从小河口的山沟里出来，过辽宁绥中县永安堡乡——这一带的地名都是与军事有关，顺着公路一直南行，到了李家堡乡石牌坊村。从这里向西南3.5千米是山海关，向南2.5千米是大海边的姜女石，向西7千米是长城，在这样一个地点埋葬一位与长城有关的将军，是再合适不过了。

进村的路边有两块地方政府立的碑：一块是1985年12月绥中县政府所立市级文物保护单位"朱梅总兵墓及石刻"，一块是1988年2月颁布的省级文物保护单位"朱梅墓"。

路边立一根高耸的石雕望柱，柱头有精雕的祥兽；一对威严的石雕狮子后面不远处，是一座高大的四柱三楼式单檐庑殿顶石坊，村名显然是因为石牌坊而命名。牌坊正面中间横额上刻辽东巡抚方一藻所题"名勒燕然"，后面刻山（山海关）永（永平）巡抚冯任所题"华表忠勋"，时间均为"崇祯岁次己卯季夏之吉"，即崇祯十二年（1639年）六月。坊上雕有飞凤、奔龙等图案，这一切无不昭示着朱梅曾经的显赫。

牌坊下拴了一头牛，周围地上杂草树木丛生，垃圾快要将一个石狮子的底座埋没，估计这里没有任何管理，当然也没有人卖参观门票之类。

资料记载，牌坊两侧横额上原来刻有"力奠榆关"和"固守宁锦"，可惜后来被凿毁。山海关又称榆关，宁锦则指宁远和锦州，石牌坊上原来还有概括朱梅功绩的四句话十六字，后来也被有意凿去并加以掩盖。凿去那些字的，应该是入关后的满人，因为朱梅一生所抵抗的就是后金满人，而那些文字表彰的正是他的抗敌功勋。

刘福生说朱梅是皇室贵族，被崇祯皇帝派来守边死在任上，崇祯皇帝给他修了这座墓。墓在牌坊后数百米的山坡上，顺着石牌坊后面的一条小溪往北，是一片果树林，树林后面才是墓园，一株苹果树正好生在门前把石门挡住。过了石门一看，规模不小，石门内接着一条甬道，甬道就是墓园的中心线，两侧由南至北依次立着石兽翁仲雕像，基本保存完好，最后面是土堆墓冢，墓前石雕墓表上刻着"明诰赠左柱国特进光禄大夫太子太保前经理军务镇守蓟辽等处地方五挂将军印总兵官后军都督府左都督海峰朱公墓"。

这个墓表既有朱梅的荣誉称号，又有他曾经担任的职衔，他的职务到底有多大呢？墓表文字可以分为三段解读。"诰赠左柱国特进光禄大夫太子太保"，基本是荣誉称号，后面的两个才是实际职衔。"前经理军务镇守蓟辽等处地方五挂将军印总兵官"，也就是镇守蓟辽的总兵官。明代的职官制度非常复杂，据《明史》载："凡各省、各镇镇守总兵官，副总兵，并以三等真、署都督及公、侯、伯充之。"长城九镇是"总兵官、副总兵、参将、游击将军、守备、把总，无品级，无定员。总镇一方者为镇守，独镇一路者为分守，各守一城一堡者为守备，与主将同守一城者为协守。"总兵官大概就是省军区司令一级。"后军都督府左都督"说的是后任军都督府左都督。都督府是中央一级和兵部互相牵制的掌军旅之事的机构，《明史》上记载："定制，大都督从一品，左、右都督正二品"，也就是说朱梅最后的待遇是正二品，差不多相当于国防部副部长。

朱梅号海峰，他并不是皇室贵族，而是辽东广宁前屯卫（今绥中前卫）中前所人，很可能出身卫所军户，生年不详。

明万历初，努尔哈赤统一满洲各部后，不断侵边。明廷因"边陲多事"，采取姑且羁縻的政策，设各级官员"抚夷"。天启元年（1621年）闰二月，应经略袁应泰之请，无品级的备御朱梅，由长勇堡调到太康堡；十月，兵部奏请优升辽东将士，朱梅由太康堡下级军官擢升为

朱梅墓在绥中县李家堡乡石牌坊村，村里的这座石牌坊昭示着一位守边将军曾经的显赫与功勋

游击，不久被调到山海关负责"抚夷"事宜；天启二年（1622年）八月，由抚夷游击升为抚夷参将；天启四年（1624年）六月，又由参将升为副总兵，归袁崇焕节度。

天启六年（1626年）正月，努尔哈赤率13万大军西渡辽河，直逼宁远（今兴城）。宁远守兵不满2万，而驻守山海关关门的蓟辽经略高第与山海关总兵杨麒却拥兵不救。在此紧急情况下，按察使袁崇焕与大将满桂、副总兵左辅、朱梅等将士盟誓以死守城。袁崇焕部署诸将分守四围，其中朱梅负责北面防御。二十三日，后金军兵临城下，二十四日攻城。《明实录》记载："箭上城如雨，悬牌间如猬。城上铳炮迭发，每用西洋炮，则牌车如拉朽。"战了三天三夜，后金军伤亡惨重。二十七日，努尔哈赤亲自督率将士攻城，城上明军10门西洋大炮齐发，大地颤抖，努尔哈赤本人也遭炮击身负重伤。后金军三次猛攻都被击退，努尔哈赤满怀愤恨退军沈阳，明军取得宁远保卫战的胜利。在这次保卫战中，朱梅不仅独挡北面，而且应援西北角，功勋显著。当年四月论功行赏时，朱梅因功被授予署都督金事衔，并得赏银15两。其后，因辽东巡抚袁崇焕奏请更定营伍填补将领，朱梅改任总兵标下练兵游击。

天启七年（1627年）五月，皇太极率15万大军攻袭锦州，锦州镇将、平辽总兵赵率教，率领左辅、朱梅等共同御敌。后金军一连攻了24天，也没有攻进锦州，只好于六月绕过锦州向西进兵宁远。当时宁远守将是蒙古族满桂，满桂作战勇猛，与后金兵大战，后金兵抵挡不住，败回沈阳。这就是天启末年有名的"宁锦大捷"。八月，由于宁锦大捷作战有功，朱梅受奖，得赏银30两并加升一级。九月，在吏部叙援师救锦功时，又加升朱梅都督同知。十月，朝廷下旨："给朱梅征辽前锋将军印"，这是朱梅首次挂将军印。

崇祯元年（1628年）三月，兵部给江西道御史张养舒的复文中曾说："总兵朱梅，身备前茅，屡婴强敌，虽云有年，矍铄尚在。"四月，新任辽东巡抚毕自肃在上疏中奏请："留前锋总兵官朱梅原任"，得到朝廷的批准，年逾五旬的朱梅"二挂将军印"。五月，朝廷又下旨以"朱梅为都督、前锋将军、镇守宁远等处总兵官"，这是对朱梅的第三次任命，即"三挂将军印"。这一时期，后金兵又攻入大凌河以西的高桥、朱家洼、塔山等地方，朱梅奋不顾身，率兵拒敌，终将后金军打退。

由于朝廷粮饷不继，欠饷4个月，崇祯元年（1628年）七月，发生了宁远兵变。13个营的士兵冲进各衙门，将巡抚毕自肃、总兵朱梅等绑置谯楼上乱打一气，逼要欠饷。在此情势下，兵备副使郭广，向商民借了5万两银子发饷，士兵才将抓去的官员放了。事后不过一个月，毕自肃因不堪折辱而死，朱梅也因此而获辱国之罪被逮问。

崇祯二年（1629年）冬十月，后金10万铁骑，以蒙古兵为向导，偷偷绕过宁锦一带袁崇焕的防区，从北部喜峰口、龙井关毁边墙而入，直趋遵化，入龙景关直插京东。十一月初攻下遵化，直逼京师。袁崇焕闻讯，即派山海关总兵赵率教星夜驰援遵化，随即又调辽东大批将领率所部人马入关赴京勤王，原总兵官朱梅也在奉调之内。大军进关后，袁崇焕各处遣将布防，他在上奏朝廷的奏疏中说："臣又虞关门为蓟辽咽喉，须重将镇之，即以朱梅守"，对朱梅又委以重任，朱梅随即"四挂将军印"，与副总兵徐敷奏等镇守山海关。

十二月，督师袁崇焕被陷入狱，朱梅也卸任回到中前所。孙承宗出任辽东经略，主持抗敌军务，写诗恳请之下，朱梅再度出山。

崇祯三年（1630年）正月初，后金兵先破永平，又指向抚宁，连攻两日不下，遂分兵进攻山海关。当时山海关守城官兵约13000人，总兵官朱梅和副将官帷贤悉心调度，城头四周遍设大炮，城内掌号静街。后金军终未得手，遂撤兵西去。随后，朱梅又派遣手下于三月收复了建昌营。同年四月，大学士孙承宗奏："山海平辽将军印信，向以原总兵官朱梅署掌，料理关门事务。由于新任总兵官宋伟请印西征，山海军务难以空文料理，请将宁远库存前将军印借给署镇朱梅掌管，庶军务得有所凭。"朝廷批准孙承宗的奏请，朱梅再次署掌将军印，这就是朱梅的"五挂将军印"。五月，朱梅带领马、步官兵收复了迁安，与此同时，各路兵马相继收复了遵化、永平、开平、滦州等地。这就是有名的"遵永大捷"。后金皇太极知大势已去，遂取道冷口退兵而去。战争结束，原山海关总兵宋伟还镇，朱梅解任告老还乡。

崇祯十年（1637年）春，朱梅病卒。四月二十一日，崇祯帝派员致祭，祭文称："惟尔勇略素优，忠诚独抱，戎行奋武，累立奇勋。授阃专征，百经血战。至于解围宁、锦，克服建、迁，壮山海之厄方，屹长城于万里。"高度评价了朱梅戎马一生的功绩。朝廷"特赠尔太子太保，子仪之免胄，威名如在"，以唐时郭子仪"免胄见回酋"的大勇，来褒扬朱梅将军抚边之功。

站在墓地遥望西边，山上蜿蜒的长城依稀可见，一代镇边守关的将军死后葬身于此，也真是"屹长城于万里"，死归其所了。然而让我们感到不可思议的是，朱梅墓冢北面居然有才开挖过的痕迹，周围的几座坟墓都有开挖的痕迹，这不是文物保护单位吗？不禁疑问。刘福生说："这坟墓年年都被盗，我曾经填过窟窿，文物单位也几乎年年来填，但填了还要被挖开，也不知里面挖成什么样了。"

朱梅墓前的翁仲无声地望着远处山上的长城

离开朱梅墓，向南面走不远，来到一个叫墙子里村的地方，村外不远处就是渤海。在离海岸线不远的海中有一组礁石，其中一块似人形的黑褐色巨大礁石赫然直立。民间传说孟姜女哭倒长城以后，秦始皇派人抓了她，并准备让她给自己作妃子，孟姜女不同意就跳进了大海，之后海里冒出了两块大礁石，一块高，一块圆，高的像石碑，圆的像坟丘，那就是"姜女坟"。

　　"姜女坟"对面的海岸边，一大片地被围墙围了起来，刘福生说圈起来的地方是秦始皇东巡登临碣石的遗址，也就是行宫遗址。走进旁边的院子，一个小展示室里，陈列了不少出土的陶器等文物，其中一个巨大的瓦当引人注目。这个夔纹大瓦当直径达54厘米，比洗脸盆都大许多，与以前在临潼秦始皇陵出土的瓦当形制相同，但比那里的更大，这是当时中国发现的最大瓦当，如此看来，这种东西绝非皇帝之外的人所用之物。

　　《史记·秦始皇本纪》载："三十二年（公元前215年），始皇之碣石，使燕人卢生求羡门高誓，刻碣石门。坏城郭，决通隄防。"也就是说，秦始皇曾经登碣石观沧海，在大力修筑北部长城的同时，拆除了内地原战国时期各国修筑的长城，所以有"坏城郭，决通隄防"之说。《汉书》载汉武帝元封元年（公元前110年）"行自泰山，复东巡海上，至碣石。"曹操于建安十二年（207年），北征三郡乌桓回师途中，"东临碣石，以观沧海"。这些记载都让后人对碣石心驰神往，但"碣石"到底在哪里一直纠缠不清。

　　1982年4月，辽宁省锦州市文物普查队在绥中县万家镇墙子里村"姜女坟"附近海岸发现了几处古遗址。1983年12月，省文化厅、省博物馆组织专人复查，确认该遗址为秦汉时期的高台建筑群址，并认为与"碣石"有一定关系。1984—1985年，考古部门对遗址进行清理、探掘，在其中的石碑地遗址，发掘出土了高浮堆夔纹大瓦当和变形夔纹半瓦当等文物，与陕西临潼秦始皇陵出土的同类瓦当基本相同，故推测该建筑群兴建年代在始皇三十二年（公元前215年）前后。

文物考古专家认为，"姜女坟"在山海关附近几百里的海域内，好像一个特立的海上标志，十分引人注目。文物部门考察发现，"姜女坟"实际是一组海蚀石柱，最大一块高出海面24米，根基呈不规则长方形，南北长约11米，东西宽8米左右，底部是白色石英岩，表面积水垢，故呈黑色。这个海蚀柱海底的北侧，堆

秦始皇东巡登临碣石遗址出土的大瓦当

放着一些大型白色河光石，这类河光石不见于附近海域，可能是前人有意放置的。

这组海蚀柱的地理环境、外观形状等，符合碣石门的记载，可以看作秦统一大帝国的象征。由此推断，所谓"姜女坟"，就是秦始皇时期的碣石；岸边的遗址，就是秦始皇当年东巡时的行宫。

长城、朱梅墓、姜女坟、秦始皇、碣石，这些看似不相干、实则有着内在联系的人和事，就这样近距离相会，历史总是让人无限感慨！

渤海中的礁石，左边那块民间传说是"姜女坟"，文物专家猜测那就是秦始皇时期的碣石

山海关：六合同欢海不波

所有的故事都在1644年的那个春天结束了。

就在那一年，作为国家战略防御体系的长城，终于结束了它两千多年的历史使命。

九门口

人们说吴三桂引清兵入关，习惯以为就是入了山海关，其实应该说首先是进入了九门口这一道长城关

口。从军事上说，九门口关是山海关的侧翼，其军事地位十分重要，号称"京东首关"。历史上，凡是争夺山海关的战役，九门口必然是双方争夺的一个焦点。九门口得失，直接关系着山海关的存亡。明末李自成和吴三桂、直奉军阀以及辽沈战役中的解放军与国民党军队，都曾经在这里生死拼杀。

九门口在山海关关城东北15千米处的山沟里，现在属于河北省抚宁县管辖。这里是河北与辽宁的交界地，长城外一侧就是辽宁省绥中县李家堡乡。

九门口一带山势较高，坡陡崖峭，青龙河从两山之间流过，旱季河道干涸，雨季山洪暴涨，众山之水，汇为一流，水势湍急，有如"万壑赴荆门"，势不可挡。这里历来是重要的军事关口，北齐时就修筑了九门口长城。明洪武十四年（1381年），徐达督军发燕山等卫屯兵15000余人修筑山海关一带长城，在这里为了做到既有高墙抵敌又可放洪水通过，便在河谷处扩建了关城。

九门口关由长城墙体、内城及关前护城泄水城门构成。关前护城泄水城门有九道水门，横跨两山之间，城墙为砖石结构，修筑得十分高大坚固，墙高达6米，墙身下丰上削，外侧有垛口，里边有女墙，巍峨壮观。跨河墙长达100多米，修城者为了保护城不被洪水冲毁，在桥墩四周及上下游地面上，铺砌了7000平方米连片的巨型花岗岩条石，边缘与桥墩周围均用铁水浇铸成银锭扣，一片片条石铺出的河床，远远望去好像一片巨大的板石，故九门口又称"一片石"。明末东阁大学士、兵部尚书孙承宗，在视察九门口防务时曾写诗《入一片石五首》，其二为：

山分一片石，水合九门口。

大壑开双阙，孤亭压五环。

倦飞怜弱羽，蹇步爱屏颜。

枕漱饶生事，高风不可攀。

九门口两边长城依山势起伏而建，军事防御设施密集完备。2000米范围内有敌楼12座、哨楼4座、战台1座、烽火台1座、城堡1座，另外有便民楼、信台等设施，全部达20余处，敌楼之间相距仅七八十米，长城边沿还设有挡马沟，防守布局非常严密。在东北山脚还筑有卫城，卫城四角有砖筑箭楼，西南有一高10米的圆形点将台，台上有古松耸立。

徐达在修筑九门口关时，还根据所处的险要地理位置，在长城下的山里面开凿了一条直通关外全长1000多米的暗道，称为地下长城。暗道内有排水系统和通风孔，粮库、伙房、水井之类设施齐全，里面29个大小岩洞，可以驻扎约2000人。这一暗道原来本为外敌来袭时，由此迂回出兵于九门口之外，可使来犯之敌背后受创，但令当初修建者没有想到的是，此暗道在1644年为多尔衮所用，清兵背后袭击李自成，直奔山海关之内。

1644年3月19日，李自成农民起义军攻占北京，明朝在关外仅余吴三桂驻守的宁远（今辽宁兴城）一座孤城。明朝行将灭亡之际，吴三桂奉诏率4万精兵入关进京护卫，结果刚到今河北丰润，就得到京师已破、崇祯帝自缢的消息，于是他率兵折返到山海关驻兵观望。李自成令明降将唐通领兵8000人，携带重金财物前往山海关招降。吴三桂反复权衡之后决意归顺，并将山海关交由唐通驻守，自己率军进京。3月26日，吴三桂行至半路，遇到从北京逃出的家人，听说其父被俘遭遇拷掠，其妾陈圆圆被夺，怒火中烧，于是打起为崇祯帝复仇的旗号，还师山海关，袭击唐通部。唐通未料吴三桂突然变卦返回，毫无防备之下被打得人马凋零，只率数骑逃至九门口一带。李自成闻讯，立即派白广恩率军攻打山海关，结果大败。

于是，李自成亲率大军，于4月21日到达山海关下，向吴三桂发出逼降通牒，遭拒绝后，一面命令白广恩率2万人与唐通一起镇守九门口，以断吴三桂退路，一面对山海关发起猛攻。

山海关北依角山，南襟大海，是扼守东北进入华北的陆路咽喉重镇，明朝蒋一葵在《长安客话·皇都杂记》中说山海关"外控辽阳，内护畿辅，防扼海泊倭番，验放高丽女真进贡诸夷，盖东北重镇。譬人之身，京师则腹心也，蓟镇则肩背也，辽阳则臂指也，山海关则窍窾却之最紧要者也。"

山海关的历史几乎就是明朝的历史，也差不多就是明朝修建长城的历史。明洪武十四年（1381年）设立山海卫并建山海关，此后历经洪武、成化、嘉靖、万历、天启、崇祯六帝时断时续的修筑，耗费了大量的资金，调动了数以万计的军民，前后用了263年的时间，几乎经历明王朝由盛至衰的全过程，最终建成了七城连环、万里长城一线穿的军事城防系统。

山海关防区所辖边墙八千五百七十六丈六尺，关城南5千米至老龙头入海，北向2.5千米至角山绝壁。洪武十四年（1381年）初建关城依附于长城内，城有四门，以长城为东城墙，并在东墙正中开关门，上筑镇东楼。万历十二年（1584年），东门外加筑东罗城以庇护关门；崇祯六年（1633年）在关城南北1千米处分别建南北翼城；崇祯十六年（1643年）又在西门外建西罗城，并在关门外1千米处建威远城，屯兵作前哨瞭望之用。

1644年4月21日，李自成部队分别对山海关西罗城和北翼城发起猛烈进攻。西罗城守城明军诈降，诱大顺军数千人至城墙下，然后在城上突发火炮，大顺军死伤甚众，被迫后撤。在北翼城，大顺军利用居高临下地形猛攻，一直战至22日黎明，迫使部分守城明军投降。战至上午，吴三桂明军渐有不敌之势，吴三桂带部分兵马和乡绅冲出关门，请在威远城观望的多尔衮清军参战。

4月22日，唐通、白广恩率大顺军与吴三桂守军在九门口也展开了激烈的争夺战。吴三桂守军在长城上居高临下，占尽优势，大顺军不断地向长城上发起猛攻。从早至午，整个山谷杀声如雷，尸横遍野，血流成河，双方激战数十回合不分胜负。中午，大顺军5万援军和数门红夷大炮赶至九门口。经过几个回合的大拼杀，明守军终于抵挡不住大顺军的强大攻势，逃向了山海关，大顺军占领了关外要塞九门口。然而，大顺军还没站稳脚跟，九门口关外的清军就发起了进攻，在正面进攻的同时，在一名原明守城军士的带领下，清兵由暗道直扑城内，内外夹击，大顺军迅速败北，清军入关。

山海关这边，吴三桂出关之后，多尔衮当即加以抚慰，然后吩咐其立即回关城接应，同时下令清军从南北水门和关门三路入关。大顺军因攻城未下，就采取野战，从角山至老龙头一线，将十余万兵力排布一字长蛇阵，与吴三桂明军决战。当时狂风大作，沙尘弥漫，血战至中午，双方均疲惫不堪，损失甚众。就在此时，多尔衮令阿济格和多铎各率2万精骑兵，直冲大顺军，大顺军虽然拼死抵抗，但已经鏖战了一昼夜的疲惫之师，很快就被以逸待劳的清军击溃。李自成见败局已定，只好下令急速撤退。

山海关战役，彻底结束了长城作为防御关外入侵者屏障的历史使命。清代诗人杨宾曾经写了这样一首诗，咏叹明王朝的覆亡和发生在这里的战事：

东海边头万仞山，长城犹在白云间。
烽烟不报中和殿，锁钥空传第一关。
大漠雪飞埋战骨，南天雨过洗刀环。
汉家丰沛今辽左，铁马金戈岁岁闲。

在新修复的九门口长城暗道的一个门洞里，墙壁上悬挂的牌子上写了这样一段文字：

九门口为吴三桂引清兵入关处，1644年李自成军队与吴三桂军队在此决战，为著名的"一片石大战"。1922年、1924年直、奉两系军阀在此大战；1948年解放军亦浴血九门河谷。

历史就是如此吊诡。

终于到了山海关。城墙是旧的，但许多地方经过翻新。比起西头的嘉峪关，因为地近北京，山海关的旅游开发要早许多年，也成熟许多，山海关城近年进行了保护开发工程。

山海关城现存关城和东罗城。关城有四座城门，为大家所熟知的"天下第一关"，就是山海关的东门——镇东门。镇东门外延伸而出、用以加强防卫的城圈，则为东罗城。600多年间，由于频经战乱、风剥雨蚀、人为毁坏以及日常维护不足，至21世纪初，山海关城损坏严重，除了城东墙"天下第一关"至靖边楼段经多番修葺保存尚好，大部分城墙已是垣残壁薄，有些地段还出现大面积坍塌；未塌毁的城墙，亦有很多地方出现了结构性变形；昔日"五马并行、壁垒森严"的盛况荡然无存。古城内更是破败不堪，一些居民任意改造古院落和古建筑的结构和布局，很多古建已经濒危。

2003年12月，作为"河北省一号文化工程"的山海关古城保护开发项目正式启动。2006年4月，山海关长城保护工程纳入国家长城保护工程的首批项目，修复包括关城四面城墙、东罗城三面城墙在内的6千

山海关附近的角山长城

米古城墙。2008年北京奥运会前，总投资16.36亿元、历经5年的山海关古城保护开发项目竣工。走上城楼远眺，古城的整体格局、街道脉络清晰可见。明清风格仿古建筑错落有致，前人所描述的"十人同行，五马并骑"景象好像就在眼前，真如明人洪钟《山海关南海口》所言："太平功业超千古，六合同欢海不波。"

古城保护开发工程也是一次文物古迹全面发掘、普查和清理的过程。第一关瓮城、东罗城服远门、三清观、总兵府等遗迹、遗址，一批石碑、石像、铁炮、古井等文物、古迹先后出土面世，让山海关的历史文化信息更加丰富完整。

清朝入关后，并没有像前朝一样修筑长城以巩固边防，实际上清朝皇帝对修长城是抱着讥讽的态度，康熙皇帝有《蒙恬所筑长城》诗写道：

万里经营到海涯，纷纷调发逐浮夸。
当时费尽生民力，天下何曾属尔家。

康熙是明智的，他知道长城挡不住什么，所以他在《山海关》一诗的序言中写道："连山据海，地固金汤，明时倚为险要，设重镇以守之。我朝定鼎燕京，垂四十年，关门不闭。既非设险，还惭恃德。"然而，康熙的后代就没有那么明智，他们关闭国门，竭力想阻挡来自海上的西洋文化，但终究什么也没有挡住。到了1840年，关闭的国门硬是被枪炮打开了。

比起嘉峪关，山海关经历了更多的战争，对中国历史的影响也更大。1644年，吴三桂与清军在此合击李自成，让满人入主中原，此后长城虽然失去了作用，但是山海关的军事意义依然重要。清道光二十年（1840年），鸦片战争爆发，清政府在山海关一带筑炮台设立海防，但是像长城没有挡住满人的祖先一样，清朝的炮台也没有挡住侵略者。

1900年，八国联军入侵中国。10月2日，联军6200余人在山海关城南老龙头附近登陆，驻防老龙头的清军守将郑才盛不战而退，率兵沿长城撤至九门口。联军上岸后烧杀抢掠，不但澄海楼、宁海城毁于一炬，连附近的村庄和庙宇都遭到严重破坏。1901年，清政府与列强签订《辛丑条约》，允许列强在北京至山海关铁路沿线驻军。1902年开始，列强联军在山海关城南至渤海海岸9平方千米的占领地内，建起了印度、德国、英国、意大利、法国、日本6个驻军营盘，直到抗日战争胜利后，这些营盘的外军才全部撤出。

山海关市郊的原铁路局山海关疗养院，最早是比

■∿∿∿∿∿∿∿∿∿

宁海城楼

∿∿∿∿∿∿∿∿∿■

利时营盘，后成为意大利营盘，1942年由日本接管。这里有南北两院，南院现保存完整的双层楼房2幢、单层2幢，北院利用了清代依明长城敌台所建的靖远炮台。在靖远炮台券门的砖墙上，至今仍刻有很多意大利文字，特地带我们来观看此景的刘福生说，这些刻画痕迹都是八国联军留下的："我们要用这个告诉外国人，在建筑上乱写乱画是你们先干的。"

1922年和1924年，直、奉两系军阀在山海关一带进行过激烈战斗；1933年，日本侵略者与中国军队交战半小时，山海关即沦入日寇手中……

老龙头长城深入海中，明长城到此似乎戛然而止，然而有一点需要明了的是，明长城真正的东起点，是在辽宁省丹东市宽甸满族自治县虎山的鸭绿江畔。

清代以来，人们习惯把明长城说成东起山海关西到嘉峪关。直到现在，很多人仍然以为明长城的起止

深入海中的老龙头

就是如此。说西止嘉峪关大体没有错，但说东起山海关则大错，最起码是将明长城少算了1000多千米。之所以有这样的误会，就是人们都忽略了明的辽东镇长城。

永乐十二年（1414年），明廷设立辽东镇，以防备蒙古兀良哈部和女真各部侵扰。辽东镇长城包括辽河西长城、辽河套长城、辽河东长城三大部分。辽河西长城修建最早，《明宪宗实录》载："自永乐中罢海运后，筑边墙于辽河之内，自广宁东抵开原七百余里"。辽河套长城为正统二年（1437年）始筑，辽河东长城为成化四年（1468年）始筑。

从永乐十二年（1414年）开始兴建，辽河镇长城历经成化、嘉靖，到万历四十七年（1619年）全部建成，最终形成东起鸭绿江右岸的今丹东市宽甸满族自治县虎山，西至今绥中县李家堡乡吾名口，与河北蓟镇长城相接的长城防御体系，全长1218.8千米。

由于辽东长城历史上也为防御女真而筑，所以满人入关之后，清朝官方有意回避辽东长城的存在，把明长城的东端说成山海关老龙头，以讹传讹，以致现在很多人仍然在重复这个错误。

链接

长城国家文化公园辽宁段建设保护规划

打造以明长城为主体，以"两带、四区、多点"布局建设"万里长城"文化旅游专线。

"两带"：以辽宁省现存最完整、景观价值最高的明长城为主体，分为辽西长城文化带和辽东长城文化带，共同构成辽宁段"万里长城"核心形象带；重点展现辽宁地区古代军事防御体系的最高成就，将其打造为国家文化名片——"万里长城"的重要组成部分。

"四区"：以虎山长城和内外线堡城为核心的鸭绿江下游长城防御体系展示区，以绥中蓟辽长城交接段和兴城古城为核心的辽西走廊山海城岛防御体系展示区，以建平县烧锅营子乡燕秦长城和张家营子镇汉长城为核心的辽西北早期长城防御体系展示区，以北镇广宁城、镇边堡和凌海市龟山长城、大茂堡为核心的军镇核心段防御体系展示区，共同构成辽宁段"万里长城"主题标识区。包含虎山长城、广宁城、烧锅营子燕秦长城、龟山长城、星城古城、九门口长城等6个核心展示园。

"多点"：与长城重大历史事件存在直接关联，以及具有文化景观典型特征的多个标志性长城点段、关堡卫所等100个特色展示点，作为形象标志点。